别让好脾气害了你

周维丽 著

贵州出版集团
贵州人民出版社

前　言

　　苏东坡曾写过一篇《留侯论》，文章提到了一个观点：那些被称作豪杰的志士，一定具有胜人的节操，有一般人所没有的度量。有勇无谋的人在遭受屈辱之后只会拔剑而起，这种人并不是真正的勇士。天底下真正具有豪杰气概的人，向来遇事不慌，遭受屈辱也不会轻易愤怒，就是因为他们拥有宽广的胸怀和远大的志向。

　　接下来，苏东坡举了一个例子，张良早年就表现出了过人的才识，却想要像荆轲那样去刺杀秦王（安排大力士刺杀秦王），这是不理智的下下策。后来张良在桥上遇到了黄石老人，老人认为他的锐气太盛，于是故意刁难他：把鞋丢掉，然后让张良捡回来给自己穿上。经过考验的张良很快从老人这里习得《太公兵法》。

　　苏东坡认为郑襄公脱去上衣裸露身体、牵羊迎接准备攻打郑国的楚庄王，这种低姿态挽救了郑国；越王勾践甘愿成为吴王阖闾的奴仆，从而为自己的复仇奠定了基础，张良能忍得住小怨愤去成就远大的谋略，这同样为他的成功做了铺垫，而汉高祖刘邦也正是因为张良给了他容人的气度才能够登上王位，反观不能忍耐的项羽，随随便便就展示自己的强势，最终失去了争霸的优势。

司马迁原本猜测张良是一个身形魁梧的人，却不料对方只是一个貌如妇人的小个子，所以苏东坡感慨张良之所以成为张良，就是因为具备忍耐的气度，这比那些外表刚强勇猛的人强千倍万倍。

这篇文章阐述了"忍"这一核心理念，而这几乎成了过去中国几千年人际交往中最重要的一个法则。即便是如今，也有很多人会借鉴苏东坡的文章来进行自我反省，并总结出了现代社交法则——尽可能保持好脾气。

多数人接受的是一种更加平和的教育，他们从小接受的理念就是"克制自己的情绪"，因为情绪的爆发会导致良好的判断力受到蒙蔽，会招致许多不必要的麻烦，诸如"一条狗如果咬了你，难不成你还要咬回来？"之类的道理的确会让我们选择压抑自己的情绪。几乎所有的教育都在倡导人们保持内心的平和，倡导人们和自己对话，这种自我认知对话是敏感的，它涉及的话题很多：我是谁，我该如何看待自己，发生的事情是如何影响到我的情绪、个人形象与自我认知的等。

当自我认知逐渐发生作用的时候，人们会提醒自己：我要做一个好人，做一个好邻居，做一个好同事，做一个好下属。对他们而言，维护个人形象变得至关重要，一旦自己变得富有攻击性，成为了麻烦制造者，或者表现出了坏脾气，就可能会觉得浑身不自在。

　　从另外一个角度来说，情绪也许是生活中最平常但却最让人头痛的东西，是人类面对的最大挑战之一，想要让情绪安安稳稳地待在那儿，想要让它们保持人畜无害是困难的，人们总是希望情绪不会造成任何伤害，不会使自己承担任何责任和风险，与此同时还要确保自己的利益不会受到损害。正因为有这样的想法，很多时候人们会下意识地提醒自己应该保持忍让的姿态，应该压抑住那些不好的情绪，这样才能真正减少麻烦。

　　可事实表明，人们对于情绪的克制往往会出现问题，人们反而会因为过度沉溺于"示弱""善忍"的理念中而失去应有的进取心。社会学家认为一个真正健康正常的人应该主动去影响整个世界，应该主动释放自己的影响力，而不是消极被动地承受所有的外力，而更加主动的表现就要求人们必须想办法去争取利益，去展示自我，去影响他人。

　　孔子说过："礼之用，和为贵。"这句话在千百年来一直都被奉为人际交往的圭臬，意思是：与人交往要以和为贵，不过很多人只记得这一句话，却没有注意到孔子后面的一句话："先王之道，斯为美。小大由之，有所不行。知和而和，不以礼节之，亦不可行也。"

　　如果将所有的话连在一起，那么意思是："礼的作用，在于使人的关系和谐为可贵。先王治国，就以这样为'美'，大小事情都这样。有行不通的时候，单纯地为和谐而去和谐，不用礼来节制，也是不可行的。”这句话的核心观点就是不要为了"和"而"和"，而应该有原则地进行调和，必须适时制定相关的规章制度来约束人们的行动，不能一味地以和为贵。可以说，孔子所提倡的以和为贵是有原则的，一旦打破了这些原则，那么以和为贵的行为准则也就不成立了。

以此类推，保持一个好脾气也是有限度、有原则的，在很多时候，还是需要改变一贯的"好人"形象，在必要的时候要更加强硬一些。有时候，可以表现得更具攻击性，也可以适当发脾气。而且真正聪明的人并不是一味迎合环境，而是善于根据实际情形和需求来调整自己的行为模式，他们并不会刻板地坚持某一种道德观念，也不会将"好心"当作道德的唯一标准。

不仅如此，越来越多的证据表明适当发脾气对于个人的生活、工作和社交有很大的帮助，它能够加强语言组织能力，能够提高记忆力，同时强化个人的说服力。这些负面情绪能够让人更加直观地意识到，自己正处于一个充满挑战和竞争的环境中，为了应对这些挑战，人们需要表现得更加专注、细致，需要拥有更为敏锐的思维，需要对自己提出更高的要求。

本书分析了片面追求好脾气而带来的一些危害，并且从人际相处、团队管理、自我强化、商业竞争、职场文化等多个方面进行分析和解读，论证了"坏脾气"的一些合理性和必要性。书中对与"脾气"有关的元素都进行了深入挖掘，很好地衬托了主题。此外本书语言平实，内容充实，与一般的说教以及励志鸡汤不同，本书更加注重实际操作，因此非常便于阅读，书中所提到的例子也生动而丰富，具有很好的参考价值和借鉴意义。

目 录 Contents

第三章　真正做自己，不要总是迎合别人

很多人为了确保自己和他人（社会）一致，会改变自己的立场和想法，迎合他人。盲目地迎合他人会导致自己失去判断力，丧失自我的精准定位，所以每一个人都要努力做自己。

第四章　真正的强者要严格待人待己

太好说话或者脾气太好的人往往缺乏自制力，对自己和他人的约束力不够强。真正强大的人会时刻约束自己和他人的行为，会懂得给身边人施加更大的压力和助力，确保大家处于被激活的状态。

第五章　保持勇猛，你的人生才能突出重围

那些更加勇猛的人，才更有机会突出重围、掌握更多的资源。任何一个人所面临的生存环境都不会总是温和的，在艰难的环境中，不能总是保持"老好人"的性格和姿态，而要让自己勇猛。

第六章　职场是激烈的竞争之地

职场向来都是竞争非常激烈的地方，充斥着各种利益纠葛，仅仅通过充当"好人"是难以生存下去的，如果将现实想得太美好，将人际关系想得太简单，那么最终可能会失去在职场生存的机会。

第七章　不做老好人，才会赢得博弈

博弈无处不在，无论是柴米油盐的生活琐事，还是一些大战略、大规划，都离不开博弈，从某种程度上说，人与人之间的交流往往都可以归结为博弈的关系。而在博弈中，要避免因为好脾气而吃亏。

第八章　别让你的善良成为他人的工具

这个世界往往是善良的人居多，可是有时人的善良会被当成是软弱的表现。真正善良的人并不是完全温和的，他们也会带着一点儿锋芒，他们拥有更为完整的评判体系，拥有更加出色的人际关系处理能力。

第九章 不要被好脾气害了，更不要被坏脾气控制

好脾气有其优势和缺陷，坏脾气也有其优势和缺陷，不能走向另外一个极端。要懂得在两种模式之间恰到好处地进行切换，避免出现"太好说话"或者"太难说话"的情况。

01

第一章

为何脾气好的人难得到重视？

在人们的惯性思维中，好脾气的人往往更受欢迎，但现实的情况是，当人们片面追求好脾气、片面采取妥协、迎合的策略时，反而会在交际中不断处于弱势地位，反而更有可能因此而受到排斥。

这是一个"以和为贵"的时代

许多社会学家都提出这样的观点："这是一个以和为贵的时代。""以和为贵"并不是一个新鲜的提法，早在几千年前的孔孟时代，圣人们就一直强调以和为贵的观点，为的就是在一个充满矛盾和冲突的时代中寻找一些安宁。在过去很长一段时间里，"以和为贵"更多的还是体现在个人的行为准则方面，却没有成为一个社会性的文化现象，直到现在，随着社会的发展和文明的进步，人们才真正有可能将这个原则付诸生活的各个角落。

尽管每一个时代都有独特的矛盾，都会存在各种各样的纷争，细化来说，每一个人每天都会遭遇来自周围环境的各种压力，每一个人都会在试图满足自身利益的同时与人发生纠纷。冲突和矛盾从来没有消失，也不可能真正消失，但是随着社会的进步和文明程度的提升，人与人之间的冲突已经更容易得到控制了，人们的道德感也不断得到提升，这就促使人际关系变得更加和谐。

做一个时间上的纵向对比，就会发现，如今人们无论是在生活还是工作当中，都已经变得更加文明了，我们比前人更加懂得如何巧妙地应对人际关系上的挫折和矛盾，懂得如何设置更多的压力缓冲措施。一位社会学家曾经对20世纪30年代的纽约地铁和现在的地铁进行对比，发现过去人们挤地铁时经常会出现打架事件，但是现在人们变得更加文明，脾气也变得越来越好，很少有人会刻意挑起事端。从整个社会环境来看，公共场合的辱骂、推搡事件已经越来越少了，人们的自控能力正在增强。

现如今，人们更加热衷于以"和睦"的方式来解决问题，除非一些特别棘手的问题，否则多数人都不愿意与其他人产生纠纷和矛盾，很显然，道德层面的提升带动了大家良好的表现。有人曾这样说过："在中世纪，做慈善是一件无法想象的事，而今天遍地都是，人们都懂得帮助他人是一种美德。"

不过社会越来越和谐并不仅仅在于道德的提升，还在于社会分工的细化，因为社会分工导致人际关系越来越密切，在共同的利益需求和环环相扣的合作体制下，人们并不会轻易与人撕破脸皮，即便是竞争对手之间，也很少像过去一样采取非常激烈的手段相互压制，毕竟在多数时候，维持良好的关系对于日后的合作更有帮助。在社会分工并不明确的年代，各行各业中的竞争都显得非常突兀，但是社会进步带来了更多的合作机会，人们变得更乐于合作，更乐于采取温和的方式来消除彼此之间的分歧。

如果从生存的角度来说，生存的本质要求就是趋利避害，而和谐恰恰是避免相互伤害的一个基本准则，即便是那些最鲁莽的人，也不会刻意挑起纷争（除非有利益需求），不会刻意制造混乱。正因为如此，人们都在试图以最温和、最受欢迎的方式处理彼此之间的矛盾，而"和"也成了一个最基本的文化认同符号，并成了大家都关注的焦点。

在现代生存机制和文明机制下，"以和为贵"的思想几乎无处不在，或许每一个人都可以看看自己在面对冲突和分歧时的反应，因为人们在不经意间就会做出类似的表态：

——"就按照你的思路去做吧！"

——"你说的很对，我得承认自己的想法有些幼稚。"

——"我想我们之间有一些误会，不妨坐下来好好谈一谈。"

——"我愿意就这个问题继续同你保持沟通。"

——"你用不着道歉，这点事对我来说真的不算什么。"

——"也许是我想得有些多了，我觉得应该向你道歉。"

——"这件事错不在你，我也有很大的责任。"

——"暂时的失败也没什么，希望你下次继续努力。"

——"谁都会做错事的，你不用太内疚。"

——"好吧，我们就换一种方法吧。"

——"惹不起，我还是躲得起的。"

　　好脾气的人拥有这样一些特点：当遭到他人无理的侵犯时，经常会告诫自己"算了吧，没有必要继续计较"或者"忍一忍就会过去"；经常会原谅和同情那些伤害自己的人，经常同情那些犯错者；经常和别人说心里话，而且还将一些私密的内容拿出来与人分享，没有丝毫戒备心；非常健忘，总是会和那些伤害自己的人混在一起；经常被身边人欺骗，但还是义无反顾地相信他们；始终相信自己可以用真心打动别人；经常抱着"我吃点亏没事"的想法；总会担心自己一旦不迎合对方就会伤害彼此的感情；对朋友的做法无条件地支持，对朋友的话无理由地认可；见谁都说好话，经常改变自己的立场和原则；遇到矛盾时会这样想"我退一步之后，对方也会退一步，如果对方没有后退，那我就后退两步"；害怕听到分歧，一旦发现自己与他人意见不统一，就会主动改变自己的想法；一直都被人利用，却还是乐在其中；对君子讲道理，对小人仍旧喜欢一板一眼地讲道理；很少处罚那些犯错者，哪怕对方已经接连犯错。

　　以上这些都是坚持"以和为贵"这一原则的一些具体表现，坚持"以和为贵"的人对于外界的伤害和攻击常常忍气吞声、视若无睹，甚至主动逃避。这种"多一事不如少一事"的想法，使得人们更善于妥协，而不是采取一些"进攻型"的措施来维护自己，这样就使得人们无论是在工作还是生活中，都会保持一种强大的自我克制心理，当他们受到攻击和伤害时，会不断提醒自己："我要保持冷静，这只是一个意外或者一个误会。"当他们受到欺骗时，会自我安慰："其实想想也没什么，每个人都有可能遭到欺骗，况且对方可能不是有心的。"当出现分歧的时候，他们会说："我没有必要和别人斤斤计较，就按对方的想法来吧。"当别人犯了错误时，他们又会提醒自己："用不着生气，没有人希望出错，下次再让他们注意一下就行了。"

无论如何，在竞争激烈的生存环境下，人们似乎更加愿意宽容地看待这个世界，似乎更加愿意保持一些弹性，甚至不惜磨平自己的个性，以便更好地融入周边的环境之中。不过许多人并没有认真地思考过这样一个问题：当一个人磨灭了个性，让自己变成一个好脾气的人之后，是否真的会给自己带来很多生活和工作上的便利？是否真的会让自己更容易获得成功？

为什么当"好人"会这么难?

提起微软公司的创始人,很多人最先想到的肯定是比尔·盖茨,但事实上,盖茨还有一个最佳的合作伙伴,他就是保罗·艾伦。艾伦和盖茨很早就认识了,感情深厚且默契十足,在创业期间,两人互相补充。保罗·艾伦曾经说过:"我是个'谋士',那个在稿纸上描绘轮廓的人。而比尔则会倾听我的设想,然后提出质疑,最后得出一个最佳主意,接着付诸实施。我们的合作有种自然的张力,但大多数时候这种默契很有成效,运行良好。"

尽管配合默契,但是两个人的性格却截然不同,艾伦是一个比较温和的人,而盖茨带着一点天才的狂傲,而且掌控欲似乎更强一些。实际上在创立微软初期,盖茨就和艾伦产生了矛盾,当时艾伦认为两个人应该各占50%的股份，这样的分配比较合理。不过盖茨却并不认同，他认为自己一直负责最重要的编程工作，因此应该占据60%的股份。艾伦并不希望因为股份的事情而破坏双方的关系，所以做出了让步，只占有40%的股份。

5年之后，微软公司发展迅速，此时的盖茨想要聘用哈佛大学的同学斯蒂夫·鲍尔默，鲍尔默曾在宝洁的市场营销部工作，是营销方面的专家，艾伦虽然知道盖茨有意拉自己人入伙，但是并没有提出反对意见。而且当盖茨准备分给鲍尔默5%的股份（两人都给出2.5%的股份）时，艾伦也大度接受。可是当他度假回来之后，才知道盖茨骗了自己，因为盖茨私底下给鲍尔默写了一封信，在信中，盖茨许诺将公司里8.75%的股份赠予鲍尔默。

这样的欺骗是艾伦无论如何无法接受的，他见到信件的内容后勃然大怒，直接告诉盖茨，自己将不会同意公司聘请鲍尔默，盖茨这才意识到问题的严重性。为了平息艾伦的怒火，盖茨一个人承担了多出来的3.75%的股份。艾伦有些生气，但他还是认为自己和盖茨应该保持良好关系，不必为了小事而彼此伤害，可是艾伦并没有意识到自己和盖茨之间已经出现了裂痕。

1982年，艾伦因为罹患第四阶段的淋巴瘤而决定休养数月，整个公司由盖茨一人管理。当他痊愈之后，准备偷偷回到公司给老朋友一个惊喜，可是却在盖茨的办公室门口听到了他一生最伤心的话：盖茨和鲍尔默这对大学同学正在密谋削弱艾伦的实力——他们准备通过发行期权的方式来稀释艾伦的股份。

艾伦听到这样的话之后，开始为自己一直以来的妥协而感到后悔，也许当初自己占了50%的股份，也许当初自己不同意聘请鲍尔默，那么就不会出现这些事情，心灰意冷的艾伦干脆愤而辞职。

外界对这对搭档的散伙提出了各种评价，但是多数人的意见都很统一，那就是艾伦的妥协太不值当。而这也引出了一个话题：人们是否还要保持好脾气，而当一个好人为什么又会这么难？

从生存的角度来说，一方面，保持好脾气，保持强大的自我克制能力完全符合生存和发展的需求，但是另一方面，过于看重好脾气会让人失去竞争力和个性，会错失许多唾手可得的好机会。从某个方面来说，"好人难做"似乎是一个悖论，但实际上它和当今时代环境以及个人的心理特征息息相关。

从宏观的角度来说，这是一个竞争时代，环境会促使每一个人都力争向前、向上，都想办法让自己获得更多更好的发展机会。在这种情况下，没有人会甘居人后，人们都在努力冲刺，与此同时还要想办法防止别人超越自己。而"好脾气"的人缺乏一种韧性和威慑力，常常会成为他人踩踏和攻击的对象。许多"好人"会认为只要自己后退一步，别人就会给自己留出一条大道，但现实并非如此，在激烈的竞争环境下，后退一步，后退两步，就可能意味着将来要步步后退，如果不奋起反击，很快就会被淘汰出局。就像上面的例子一样，盖茨和鲍尔默从本质上来说是和艾伦存在竞争关系的，只不过好心肠的艾伦并没有重视这一点，这是艾伦最后离开微软的一个重要原因。

此外，这个社会是不可能真正做到公平分配的，总有一些人会占据更多的资源，而其他人会占据更少的资源，这种不均衡的资源分配就意味着总有人会吃亏，那么什么人会在分配中占据劣势呢？第一类人是能力不足的人，他们由于缺乏竞争的硬实力，不具备公平分配或者占据更多资源的能力；第二类人就是老实人，这一类人，有的可能实力一般，但是很多人特别有能力，可是一直以来的退让精神和好脾气，让他们在生活和工作中始终遭受不公。一些老实人会主动吃亏，可是在很多时候，老实人都是被动吃亏的，在整个分配机制下，别人给他的东西永远都是最少的。因此，一旦他们给自己贴上"老实人""好心人"的标签，其他人会毫不犹豫地利用这份老实而让他们吃亏。

如果进行细化分析，将这种现象放到微观层面上来考量，那么就是人性上的一些弱点在作祟，毕竟每一个人都有进取的需求，都有自我实现的需求，通俗地说就是贪婪。但是机会和资源是有限的，因此想要获得成功，就需要拿出竞争力和魄力，就需要在必要的时候挤压别人的生存空间，如果不够贪婪，没有野心，或者没有反抗力，那么注定会陷入"人为刀俎，我为鱼肉"的困境。

所以当有人将好脾气当成为人处事的法宝时，却没有想过如果自己过度沉溺于当一个好人，可能就会在生活和工作中经常陷入被动的状态之中。

不要将这个世界想得太美好

人们常常会听到这样的劝说:做人应该以乐观的心态看待生活和世界,要善于发现生活的美,要以美好的心去感受人生:这个世界有很多善良的人,有很多美好的品质,美好的事物,在人们所构建的生活圈中,总会遇到一些令人愉悦的事情。

从心理学的角度来说,这是有帮助的,可从现实的角度来说,这样的思维和想法有时候不免有些理想主义了,毕竟现实生活中每个人除了遇到美好的东西之外,也都可能会遇到坏人,遇到侵犯者,遇到那些利用他人的自私者,也会因为一些烦心事而困惑。对于任何一个人来说,生活本身就具有多面性和多重维度。

一个初入职场的人会畅想未来,会对自己的职场人生有一个完美的规划和美好的期待,他会期待着拥有热心的、和睦的同事,会幻想着大家互相鼓励、互相扶持、共同进退的场景;也会想着遇见一个温和的、任人唯贤、公平公正、以团队利益为先的好老板。但他或许没有想过自己踏入职场,可能也就进入了一个充满竞争、充满利益纠纷、充满自私自利的地方,同事可能并不那么热心,老板也可能是一个自大虚伪的人,整个环境中也许更多的是利用与被利用的关系。

一个刚刚进入社会的人也许会对自己的人际关系有一个完美的憧憬,他会交上几个好朋友,会认识很多对自己非常友好的人,会在生活中获得外界各种各样的帮助,也可以轻松、畅快地与他人分享自己的一切。可是他或许没有想过,那些对自己非常友善的人,不过是利用了他的无知;那些表面上非常配合的人,在背后可能一直都在使绊子。

有些人习惯性地将自己所处的环境想得太过于美好,并且愿意全身心与人相处,却不知道,自己的善良、单纯、好脾气会成为他人利用的把柄。这个世界虽然有很多美好的东西,但是还没有美好到足以让人放下所有的戒备的程度。

保持乐观积极的心态有助于人们缓解焦虑、排解负面情绪,同时能提升人们应对生活困境的能力,但如果过度沉溺于"世界是美好的"这样一个浪漫主义心态中,就可能会产生一种错觉,认为世界上的任何东西都是无害的,认为自己没有必要处处设防。

可是一旦把世界想得太简单、太美好,就可能会轻易落入他人的陷阱当中。在人类眼中,大自然是美好的、和谐的,一切都是那么平静与和谐，可是在平静的表象下，往往上演着生死角逐。就像平静的大草原一样，人们通常只见到斑马和羚羊在悠闲地吃草、嬉戏，却不知道草丛中可能潜伏着狮子、猎豹等肉食动物。和自然界一样，人类社会同样危机四伏，同样充满了残酷的生存法则，人们一旦放松了警惕，就可能会被淘汰。

人生本身就拥有多维度的场景，并非所有的东西都是高大上的，都是清清白白的，认识到这一点有助于人们更好地适应环境。法拉奇在自己所写的《给一个未出生孩子的信》中如此残忍地写道："也许，对你说起这些略嫌太早。也许，我应该对那些令人忧伤和丑陋的事物保持片刻的沉默，向你述说一个清白而欢乐的世界。但是，孩子，这样做无疑是把你推入陷阱。这无异于鼓励你去相信那种幻觉：人生是一层柔软的地毯，你能在上面赤脚远行，毫不费力，仿佛没有哪条道路上曾经充满石头。而实际上，你又往往会被这石头绊倒，跌倒，被石头伤害致残。面对石头，我们必须用铁靴来保护我们自己，即使这样做不足以保护我们自己，但至少也会保护我们的双脚。有的人总爱拣起石头来砸你的头。我不知道他们听到我的话后会说些什么。他们会谴责我疯狂和残忍吗？"

这不该是一个善良的、具有母性光辉的女人应该对孩子说的话，但没有人会就此指责她，因为这就是现实，她不过是向自己的孩子描述了一个残忍的现实，这也是每一个人都必须正视和面对的现实。也正是因为这些现实的存在，人们需要更加警惕地面对这个世界：

——任何事情至少都有两面性，不能仅仅只看到好的那一面，而不去关注坏的那一面，有时候应该想想那些坏的东西，也要看看那些不好的东西，这样做能够帮助我们完善世界观和价值观。

——在学会接纳他人的时候，在和别人相处的时候，也要懂得保持最基本的防备心，不要轻易相信他人，凡事多留一个心眼，避免被人利用。毫无防备也就意味着毫无抵抗，意味着生存概率的下降。

——在遇到侵害时，不要总是觉得对方是无心之失，不要总是觉得对方可能只是一时头脑发热才犯了错，更不要习惯性地选择息事宁人，将那些伤害你的人想得越好，最后自己受的伤害可能就会越大。

都说人生是一场修行，但修行的目的并不像那些心灵鸡汤所灌输的那样——让人们变得更加淡然。而是让人们对生活有更加清晰和透彻的认识，是让人们有机会去挖掘出生活的真实面貌，只有认识一个真实的生活，只有接受真实世界的样子，才能够更好地认识自己，才能支配好自己的一言一行。

好脾气只是一项形象工程

心理学家认为人们通常都会装扮自己，这种装扮可以理解为每一个人都在试图完善自己的形象，一旦人们意识到某一种做法或者某一种行为可以让自己的形象看上去更加完美，他们会倾向于靠近这种行为。从心理学的角度来看，这是一种比较隐晦的功利主义。

一个人明明因为他人糟糕的行为而怒火中烧，却还是选择说好话，有时候只是为了避免让人觉得自己是一个毫无人情味、粗暴的人，只是为了让对方更加信任自己，或者为了给自己减少压力。

好脾气代表了一种比较稳健的沟通策略，不过在很多时候，好脾气不过是一项面子工程和形象工程而已——人们只是单纯地希望向他人展示更好的自己，可是这种"更好"有时候根本没有必要存在。对于沟通双方的关系并没有太大帮助，反而会让自己陷入更加尴尬的处境。

　　"好脾气的人往往更受欢迎"，这一想法几乎促成了人们的误解，很多人在与他人相处甚至脾气发作的时候，会这样提醒自己："我必须表现得更加绅士一些，必须让自己看起来更有礼貌、更加宽容。""我会不会因为一些不恰当的言论以及一些没能及时克制的情绪惹恼他人，而这会不会让自己看上去像一个坏蛋？""别人时刻都在关注我的一举一动，为了不至于让自己被人厌恶，我需要谨慎处理分歧，需要让自己维持一个好人的形象。"

　　为了让自己看起来更加完美，或者让自己看上去更加受欢迎，人们牺牲了更多自由，牺牲了展示自我和成就自我的一些好机会。从长远来看，打造个人的形象工程无疑会将自己陷入一个更加矛盾、艰难、狭隘的处境中。

　　毕竟当一个人过于看重自己的形象时，就会自觉不自觉地将更多的精力放在如何赢得他人好感上，就会将心思重点放在让自己看起来更加完美，以及如何取悦于人这些事上，而不去想如何让自己的能力更进一步。如果一个人过于看重这些东西，就会在满足他人需求的同时，妨碍自己的成长。

　　改造形象有时候显得很有必要，但问题在于这种自我修饰常常不能产生什么效果，在剔除了个人的真实情感之后，事情并没有像想象的那样变得更好，人们也没有因此变得更加容易成功。相反地，我们所熟知的那些天才、那些成功人士，并没有刻意去掩饰自己，对于他们而言，形象固然很重要，但并不值得过于在意，他们照样会在他人犯错时指着鼻子大骂，照样会在辩论时毫无顾忌地说出自己的观点，照样会在情绪低落时表达自己的不满，照样会在利益受损时愤而做出反击，从来没有人能够影响他们在情绪上的自由表达，没有人能够让他们压抑自己，也自然没有人能够影响到他们在各自领域内的成功。

所以人们没有必要去压抑自己，更没有必要去委曲求全，每一个人都有自己的脾气，每个人都会经历情绪上的高潮和低谷，偶尔发脾气也是人之常情，甚至在必要的时候，人们需要释放自己的"坏脾气"来展示一定的威慑力。

此外，一个好的形象应该是由内而外自然散发出来的，而不是单纯地依靠一些外在形式的伪装来达成目的。

好脾气也是一种性格弱点？

一个人脾气可以很好，但是一旦好到任人摆布的地步，就成了自身最大的缺点。如果对生活和工作进行观察，就会发现身边的那些"老好人"多半都过得不是很好，也许他们看起来很受欢迎，但是往往会在各个方面受到制约，而这种制约并非他人引起的，而是自身的原因。好脾气经常会被当作一种良好的品德，但是当一个人在他人面前毫无威胁的时候，这个人就很难和"聪明""崇高"之类的词联系在一起，反而会被认为是一个软弱、被动的人。

社会心理学家认为，"老好人"之所以习惯于听从别人，原因就在于他们在潜意识中感觉自己非常卑微，没有价值感，他们一直都在麻痹自己，逃避最真实的自我。这种人会陷入自我贬低的恶性循环当中去：感到自己缺乏价值——自贬更加严重——感到自我没有价值。所以他们常常比较期待别人的重视，更加期待别人给他们一个重视自我价值的机会。

对于老好人来说，他们具有一定的道德感，而这种道德感往往有两个功能：一、他们确实是好人，如果不去帮助别人，迎合别人，对自己就无法交代；二、他们的内心拥有一套畸形的补偿机制，他们必须进行心理保护，用道德感来偷换概念，掩盖掉自己得罪别人的恐惧，所以他们常常会在表面上提醒自己：我不帮别人明显就是不会做人的表现，这样有悖自己一贯的风格。但从实质上来说，他们不过是害怕自己在得罪他人之后可能遭受惩罚。

价值感的缺失和人际交往中的道德掩饰，使得"老好人"成了一群被社会边缘化的群体（尽管他们本身非常抗拒和排斥这一点），他们在群体和社会中的价值往往难以得到真正意义上的认同。

——好脾气的人常常没有主见

脾气很好的人不善于与人争辩，并且不会对他人的看法和观点提出太多的质疑，一旦过度迎合他人，将他人的想法当作标杆，就会失去自我意识，缺乏主见和明辨是非的能力。这种人缺乏自信，一切以他人为主，在生活中缺乏独立性，更缺乏存在感，面对分歧时，总是以"我错了"或者"你是对的"为由，掩饰自己的不作为。

——好脾气的人比较懦弱

脾气很好的人不习惯于与人发生矛盾冲突，他们坚持的原则就是能躲就躲，能让就让，对于任何容易引发纷争的事情都是唯恐避之不及，这种个性有时候会显得比较明智，但是往往会让自己变得更加胆小怕事，丧失对抗性，甚至当自己的正当权益受到侵害时，也不敢提出异议。更重要的是，这样的表现会给其他人造成这样一种认知："这是个懦弱的人。"从而对方会肆无忌惮地发起攻击。

——好脾气的人缺乏原则性

好脾气的人更容易被人情世故打动，往往做事更具弹性，可是这样也会导致一种不良的后果，那就是做事缺乏立场，缺乏原则性，常常别人说什么就做什么，难以坚守最基本的底线。而由于缺乏原则性，他们很容易动摇自己的想法，很容易破坏原有的规章制度，也很容易做一些违背初衷的事情，而这一切都会将他们置于更加尴尬的境地。

——好脾气的人缺乏开拓精神

由于倾向于相信别人，或者跟随他人，好脾气的人相对来说比较保守，他们害怕自己的想法和他人不同，害怕自己的行为会受到他人的排斥，因此凡事都追求与他人一致，且追求群体思维，这就阻碍了他们独立、创新的意识，制约了他们主动去开拓新思维的能力。

——好脾气的人内心脆弱

脾气很好的人表面上受人欢迎，能够处理好自己与他人的关系，可是从内心来说，这样的人缺乏安全感，也没太多承受压力和解决问题的能力，为了让自己看上去更好过一点，他们更多时候选择屈从他人，选择给自己营造一个更加安全的环境。

——好脾气的人缺乏执行力

好脾气的人做事缺乏主见，缺乏立场，想法经常出现变动，而且经常犹豫不决。遇到问题的时候，他们并不会按照自己的意愿行事，反而会积极寻求他人的帮助，或者按照他人的指示行事，所以通常他们能够接受各种各样的建议，但是也常常会被多种多样的建议所迷惑，因此他们往往缺乏执行力。

除了以上几种缺陷之外，好脾气的人还缺乏魄力，缺乏上进心，缺乏自我认知的能力，而无论是哪一种缺点，其本质都是自我的丧失。而由于他们总是迎合他人的想法，总是将就他人的思维，他们就显得更加渺小，显得更加可有可无。

02

第二章

退让并不是解决问题的方法

人们通常会认为"退让"可以有效解决分歧和矛盾，但退让的手段只能抑制矛盾的激化，却无法消除矛盾。真正的和谐应该是双方各退一步，任何一方如果一味退让，就会让自己变得越来越被动。

退让只是姿态，而不是解决问题的方法

在中国传统文化中，"忍"是一个非常重要的组成部分，许多人都是依靠"忍"获得成功的，忍让几乎成为成功人士的一门必修课。"退一步海阔天空""小不忍则乱大谋"，这些几乎是最常见的成功箴言，也是为人处世的一些基本原则。

不过许多人对于"忍"存在很大的误解，认为它是解决问题的良方，可是从实用主义的角度来看，"忍"的作用还是有限的。比如当矛盾冲突出现的时候，忍让能够有效避免冲突扩大，但并不总是能够解决问题，事实上，忍并不是彻底根除矛盾的好方法，毕竟解决问题的关键在于弄清楚是什么导致了矛盾的产生。就像医生给病人看病一样，他们可以给病人服用一些止痛药来缓解疼痛症状，但是止痛药并不是治疗疾病的良方，因为它无法从根本上消除病痛。"忍"就像社交中的止痛药和抑制病情扩散的药物，其目的是避免事态变得更加严重，而不是从根本上消除矛盾，或者也可以说，它的作用是：为问题的解决提供了更好的氛围。

父母在教训犯错的孩子时，可以适当保持宽容的姿态，适当对孩子的逆反行为保持忍让，可是孩子为什么会犯错，孩子错在哪里，这些问题并不是忍让能够解决的，父母的宽容并不会真正起到"找到问题，解决问题"的作用。

正如生活中所见的那样，很多时候，人们忽视了问题的本质，而过于注重表象：由于发生了矛盾冲突，所以尽量避免矛盾冲突扩大；由于有了分歧和对立，就尽量避免进一步加大分歧和对立；由于有了敌意，就尽量缓解敌意。他们所做的一切都是针对现象做出调整，而没有考虑"究竟是什么导致双方出现矛盾"。

深入进行分析就可以知道，忍让不过是一种姿态而已，它只是一种避免矛盾冲突被激化的权宜之计，目的是缓和矛盾。它可以将双方的情绪控制在一个比较稳定的区间，可以让双方保持在一个相对和谐的状态进行沟通，这对于矛盾的解决是有帮助的，但是依靠忍让从根本上解决问题的想法往往不够现实。

——忍让的人基本上不会寻找引发矛盾的原因

经常忍让的人往往只见树木不见森林，凡事从表象入手，而不会深入矛盾的本质去了解和分析，更不会寻找根本原因。如果矛盾冲突导致了一些情绪上的波动，那么他们的侧重点就会放在如何缓和对方情绪上；如果分歧造成了一些争执，那么他们的侧重点就会放在如何消除争执上；如果对立造成了双方之间的敌意，那么他们就会将侧重点放在如何消除敌意上。一旦情况有所好转，就不会深入进行分析。

——忍让的人缺乏解决问题的好方法

忍让是一种美德，不过那些将忍让当成解决问题法门的人，或许缺乏解决问题的能力，或许找不到解决问题的好方法，为了避免给自己惹上更多麻烦，他们能够做的就是通过退让来消除他人的反感和愤怒。比如一些企业中的管理人员由于能力有限，不能解决问题，也无法找到合理的解决问题的方法，为了避免受到上级的批评，他们通常只会选择逆来顺受，无论上级提出什么样的批评，他们都会"谦卑"地接受，表现得毫无怨言。

——忍让的人可能没有解决问题的意愿

那些经常忍让的人通常会注意某件事会造成什么严重的后果，而不注意寻找引发矛盾的原因，可以说他们很多时候并不关心问题是否会得到解决，只要不会造成一些不可控的结果，那么一切就是可行的。这种人只关注眼前的形势变化，只要形势不会恶化，那么他们身上的压力就会减少很多。

许多人在处理矛盾的时候，往往显得比较消极，他们并不会费心寻找根源，并不会想办法从根源入手解决问题，只要一切都在可控范围内，那么问题是否能够得到解决并不重要。他们没有强烈的解决问题的意愿，也不想因此而耗费太多精力，而且他们认为一旦深入根源，反而会给自己增加不必要的麻烦。

如果对以上几点进行分析，就会发现忍让的人虽然有着不错的态度，但是由于无法有效处理矛盾，本质上并不会消除对方的不满，并不完全会让自己成为一个受欢迎的人。因此当一个人不断忍让和示弱时，反而容易被他人当成掩饰或者试图蒙混过关。

对于一个想要解决问题的人来说，忍让只是一种策略，不能过分使用，更不能将其当成摆脱麻烦的唯一出路。或许许多人都会存在这样的侥幸心理："只要自己忍让，那么对方就不会深究，不会继续给自己施加压力，自己也能省下好多麻烦"，殊不知如果分歧和矛盾没有从根本上得到解决，只是被暂时压制下来，那么它在以后还会集中爆发出来，对于个人来说，这种威胁和伤害仍旧是存在的。而且由于问题和矛盾始终存在，它们可能会越来越严重，不及时解决的话就可能会成为一颗定时炸弹。

吃亏是福，但有些亏不能吃

人们常常说"吃亏是福"，这几乎是哲人公认的处世准则，当自己与外界发生摩擦或者利益纠纷时，他们更愿意维持一种和谐与平衡，所以吃亏成了一种比较温和有效的处世手段。清朝画家郑板桥说："试看世间会打算的，何曾打算得别人一点，直是算尽自家耳。可哀可叹，吾弟识之。"他还提出了一个"难得糊涂"的观点，认为做人不妨糊涂一点，偶尔吃点亏也无妨，凡事没有必要和别人斤斤计较。

吃亏文化成了成功人士的哲学思维的重要组成部分，也成了许多人处理人际关系的一个重要准则。但是吃亏文化的流行并不意味着人们喜欢吃亏，不意味着人们可以将吃亏当成人际交往的主要手段，更不意味着处处都要主动吃亏。

吃亏是一种策略，它往往拥有一个基本的尺度，简单来说，就是吃亏的人应该明确什么亏可以吃，什么亏不能吃，而不要专注着当一个事事都吃亏的老好人。那么，一般来说，什么样的亏不能吃呢？

——涉及核心利益的亏不能吃

每一个人都有自己的利益取向，虽然在某些时候，人们愿意迎合他人的想法，但这并不代表他们可以选择漠视自己的利益。在一些不那么重要的事情上做出让步，是赢得和谐关系的一种方法，但是在涉及核心利益时，应当放弃吃亏的想法，因为这些核心利益可能事关自己的生存和发展，可能会对大局产生重大影响，一旦做出让步，就可能会让自己陷入绝境。

在过去，有一些老好人常常会无底线无原则地迎合别人的想法，或者无底线地保持退让的姿态，当对方想要获得A时，就大方地将A送出去；当对方想要获得B时，就大方地将B让出去，对于他们来说，似乎没有什么东西是不可以让给别人的，似乎没有什么亏是自己吃不起的，这种态度往往会让他们在核心问题上失去主动权，丧失竞争优势，一旦核心利益受损，便会彻底陷入被动局面。

——明显只针对自己的亏不要吃

任何一个群体或者团队中都有其最基本的游戏规则，这些规则往往会造成分配上的不均衡，就像一个企业中，管理者的工资和奖金会比员工的高一些，这是内部分配的一个基本原则，很少有人会对这种分配提出质疑。但是如果在分配中，管理者获得了大部分的利益，其他同事也拿到了比较可观的分红，但是自己的分红却最少。考虑到自己在工作中做出的贡献并不比其他人低，却只获得最少的利益，这样的分配很明显是针对自己一个人的。

一旦某个群体或者团队中开始出现针对个人的事件，内部分配体系就会崩塌，并且很可能表明这个人已经成了团队内部的背锅者，或者成了人人可以欺负的出气筒。此时如果还保持着吃亏让步的态度，就可能会彻底沦为可有可无的边缘人物，自身的利益也会不断受损。

——被人利用的亏不要吃

在处理人际关系的时候，免不了会出现一些行为和思想上的接触，免不了产生联系，这时候有人可能会获得更多的利益，而有的人可能会吃亏，这种吃亏有时候是出于社交和生存的需要，但有时候是被动的，吃亏的人受到了他人的利用，或者成了他人手上的一枚棋子，那么这个时候的退让和吃亏就显得毫无必要，也毫不值得了。

职员A和职员B是一对好朋友，两个人一同去竞争一个主管职位，并成了最终的两位候选人。在公司对两人进行最后的考核之前，职员A言辞恳切地说："我不希望因为工作的关系，使得咱们两个人的关系受到影响，所以我准备退出，我会亲自写信给老总，说明自己不适合担任这个职务，因此没有必要前去竞争。"职员B听了，觉得有些不好意思，于是当天晚上就写了一封信给老总，说明自己因为身体原因不适合参与竞争。就这样，这份工作最终落到了职员A手里，可是在某一次，职员B无意中从另外一个朋友口中得知职员A当初对于主管的职位志在必得，为了消除最后一个竞争对手，才想出了一出苦情戏，误导职员B主动放弃。听到这个消息后，职员B愤恨不已，但事已至此，已经追悔莫及。

生活中，常常会出现这样的情况，有时候，人们觉得自己是好心做出让步，而成全别人，却不知道自己可能正中别人的圈套，跳入他人事先挖好的陷阱中，而面对类似的情形，一定要坚持维护自己的尊严和利益，果断地提出抗议。

一般而言，以上几种情况下的吃亏都要尽量避免，不能表现得太过宽容大度，不能任由他人排斥和打击自己，在必要的时候应当大胆站出来说"不"，并主动维护自己的相关利益。

退一步，未必海阔天空

一家公司准备选择职员甲以及职员乙负责一个新项目，甲是第一负责人，乙是第二负责人，这样的安排让先进入公司的乙有点不高兴。为了避免影响工程进度以及给自己带来不必要的麻烦，甲以个人经验欠缺为由，主动提出接受第二负责人的角色，而将第一负责人的身份让给了乙。

这样的让步无疑显示出了甲的大度，而公司最终也同意了甲的请求，可是乙仍旧没有释怀，他在工作中一直都在刁难甲，并且多次偷偷在背后打小报告，抹黑甲的工作能力和个人形象，最终导致公司将甲调回总部。

类似的故事有很多，如邻居将狗牵到别人家的草坪上随地大小便，自己的车位被人占领，在公交车上与人发生摩擦……有时候一方为了避免事态恶化或者矛盾加剧，会主动息事宁人，可即便如此，也常常难以避免矛盾冲突的爆发。

一般来说，当矛盾发生之后，人们所期待的第一种情况是对方率先做出妥协，无论是承认错误还是主动示弱，都是一个理想的局面；第二种情况，就是双方都做出妥协，彼此之间以一个和谐的方式解决问题；第三种比较理想的局面是自己主动向对方示弱，当自己退一步之后，对方不再计较，双方的矛盾得以缓解。

但一个非常现实的问题是，并非所有人都愿意对他人的让步做出配合。在人际交往中，每一个人都有自己的想法，都有自己思考的角度和方式，以及对利益的追求，这些都会导致他们在处理矛盾冲突时出现不同的反应，采取不同的处理方式。对于退让的人来说，一开始的被动举措并不一定会为自己赢得更多的主动权，因为一些人可能会趁机进一步施加更大的压力。

尽管多数人都不这么认为，但过于理性有时候恰恰会给自己造成更多的麻烦，因为每退一步就意味着自己的空间被压缩一步。一些人在遇到分歧或者矛盾纠纷时，大脑给身体发送的信号就是"退让"，这并非一个完全合理的习惯，虽然这是一种比较稳妥的方式，但是过于草率的"善意"同样不值得提倡，至少人们需要意识到一点：当自己做出妥协时，对方可能对此毫不领情。

　　如果一个人足够聪明的话，那么在退让之后，一定要注意观察对方的一举一动，并针对性地进行分析：

　　对方是否足够自觉？

　　对方是否觉得错的是别人（你）？

　　对方是否觉得你在害怕，而且觉得你的表现是不足为惧的？

　　对方是不是一个胡搅蛮缠、无理取闹的人？

　　"对方是否足够自觉"，即对方对自己所做之事的觉悟高低，许多人在伤害别人或者做错事的时候，常常抱着无所谓的态度，或者在做事之前就缺乏自制力和基本的道德观念。因此，他人的宽容和退让对他们而言并没有什么作用，毕竟从一开始他就对自己所做之事毫不在乎。

　　了解"对方是否觉得错的是别人"，这关乎最基本的价值观问题，这些伤害他人的人会混淆施者和受者的角色定位，将自己描述成一个无辜的人，他们会认为自己代表正义，认为自己才是受到伤害的人，会将彼此之间发生的一些不愉快全部归咎到他人身上。如果受害者继续保持妥协，那么对方可能会继续颠倒黑白。

　　弄清楚"对方是否觉得你在害怕，而且觉得你的表现是不足为惧的"同样很重要，一些矛盾冲突发生之后，往往会存在一定的心理对抗，无论是施者还是受者都会想办法彼此进行评估和猜测，如果对方觉得自己占据很大的优势，能够在冲突中占据主动权，就可能会变得更加强势。此时受到伤害的一方必须拿出更强硬的手段来压制和震慑对方，而不是选择妥协和退让。

弄清楚"对方是不是一个胡搅蛮缠、无理取闹的人"，则是一个人品评估，一旦对方没有是非观念，没有悔过之心，而且还想要变本加厉，那么就不要过分客气，该做出反击的时候一定要做出反击。

总而言之，当冲突发生时，退让并不是一个必走的程序，也不是唯一的选择，正如前面一节所提到的那样：忍让只是一种姿态，并不能作为解决问题的方式来使用，忍让只是为矛盾的解决提供了一个更好的契机。如果人们觉得只要退让就能够息事宁人，所有问题就能迎刃而解，那么就把问题想得太简单了。

心理学家认为，当一个人伤害另外一个人的时候，在动机上可能会产生一种为个人残酷行为辩解的认知过程，他们会产生认知的不协调——"我伤害了某人"（现实处理人际关系的方式）与"我是公正、理智、善良的人"（对自身人格的期待）这两种认知不协调。为了修正这种不协调，他们会给自己一点暗示："我伤害某人并非一种不理智、不公正的行为"，他们甚至会将受害人当成坏人来对待，选择无视受害人的优点而强调受害人的缺点。当一个伤害他人的事件变成谴责受害者的事件时，受害人的妥协会进一步让施暴者觉得理所当然。

　　正因为如此，每一个人在处理矛盾的时候，需要留一手，不能一味做出让步，看看这件事是否值得再做出让步，弄清楚这件事在让步之后是否会出现一些转机。

过度忍耐就是一种懦弱

　　许多性格懦弱的人经常在公司里被老板和同事欺负，在社会上也忍气吞声，不敢为自己的利益积极发声，不敢与人发生争执，他们永远都像是一只沉默的羔羊。有人曾对那些性格懦弱的人做过调查，发现他们中的很多人都在童年时代或者学生时代遭受欺凌，他们无法正确地应对生活中的暴力危机，也不能采取正确的方式来解决发生在自己身上的问题。

　　忍让是一种美德，可是过度忍让和忍耐往往是懦弱的表现，有时候人们不太赞同这一点，毕竟很多时候一些技巧性的退让会模糊忍耐和懦弱的界限。但是忍让一旦超出了主观意愿的范畴，就会变成一种懦弱的表现。惯于忍让的人有能力解决身边的危机，有能力去摆脱各种麻烦，可是性格上的软弱使得他们选择不作为。面对他人的威胁和侵犯时，他们通常的表现是沉默不语，并且一再提醒自己"事情会过去的"。

　　无论如何，在现实生活中，人们有关忍耐的一些观点以及教育方式是存在漏洞和缺陷的，有时候，接二连三的退让不仅会使对方产生"你很无能"的感觉，同时也会抹杀受害者的自信心。事实上，对那些习惯于退让和忍耐的人来说，忍耐可能仅仅是一种无能的掩饰，是他们逃避冲突和压力的一种表现。

　　在一些西方国家，他们的教育并不像日常标榜的那样"文明"，父母经常会告诫孩子"如果有人胆敢拿拳头一而再再而三地威胁你，就狠狠踢他们的屁股"。这里面不仅仅涉及竞争的问题，父母对子女的交代显示出了他们注重对子女性格的塑造，在这样的教育模式下，孩子的性格会更加强势、坚韧，独立性会更强，这些孩子长大之后应对危机的能力会更强。

　　性格上的懦弱往往源于日常的累积，当人们害怕某些人或者某些事，害怕矛盾处理不当会引发一些更为严重的后果时，会不由自主地退缩，一旦形成一种习惯，就会导致懦弱性格的出现。从这个角度来看，避免产生懦弱性格的关键在于控制和战胜自己的恐惧心理，人们必须设法战胜"我害怕某个人，我担心他会对自己不利"，"我害怕做某件事，害怕去承担责任"之类的恐惧感。

　　可以说，克服恐惧感是最难以做到的一件事，但有时候恰恰也是最简单的，比如人们可以适当地画定一条红线，只要他人触犯或者越过这条红线，就要下定决心予以回击。

有个人脾气很好，经常受到他人的欺负，但他多数时候都能保持忍让的姿态，并不会做出反抗。有一次，一个游手好闲的人讽刺他是一个白痴，还冲着他的脸吐口水。这个人忍无可忍，将侮蔑者狠狠打了一顿。旁人感到很愤怒，于是质问他：“为什么你平时都能忍让，这一次却将对方打得那么严重？”这个人坚定地回答说：“以前我能忍让是为了证明我不是一个很难相处的人，现在我打人是为了证明自己不是一个懦夫。”

做人就需要这样，平时要保持广阔的胸怀，要培养强大的抗击打能力，但是在应对外界威胁时则需要画定一条红线，明确告诉他人“这是不可触犯的”，并且做出明确的还击，这是维持自信心的一个基本准则。尽管人们通常都不赞成使用一些强硬的措施，但对于一些无法忍受的侵犯行为，有时候反击比忍让更能解决问题。

保持忍耐和退让是个人尽量减少自己与社会之间摩擦的一种有效方法，也是维持人际关系和谐的一种必要手段，但是这并不意味着忍耐是无底线的，在一些无关痛痒的小事上可以采取退让姿态，而在一些关乎原则或者生存的重大事件上，一定要给他人画定一条红线。这种画红线还体现在侵犯次数的规定上，中国人喜欢说“事不过三”，这就是一种有效的警示。

还有一种策略就是将让步作为讨价还价的筹码，当某个人对他人做出让步之后，必须记得索取，以此来引导对方做出更为合理的举动。这就像一种谈判策略，无论在什么时候，人们在按照对方的要求做出让步的同时，必须要主动去索取一些回报。

比如一个生意人准备从合伙的朋友那儿要更多投资的钱，这个人要求朋友尽快将资金交给自己，他直接选择当面催促："我们的店面已经装修好了，开业日期也定了，现在我想知道你能否在3天之后准时将钱送过来？否则我没有多余的资金进货。我知道你最近手头也不方便，但是你能不能先给我一部分钱，等我过了一两个月有足够的资金积累时，可以再还给你。"

对于朋友来说，这一次的合作原本应该是以资金投入的多少来决定掌控权和支配权的，对方没有多少钱，却总是想着套取自己的钱做生意，可是作为合伙人和朋友，如果自己不给钱就显得太小气了，给了钱却得不到更多的股份和支配权，这显然是非常吃亏的事。左右为难之际，这个朋友想了一个办法，他直接告诉对方："我非常支持你增加投资的做法，我也愿意追加投资，但是我只有一个要求，那就是自己出钱投资后，可以多分得2%的股份，这样的要求并不算过分，毕竟我追加的这部分钱本身就抵得上4%的股份了，我只占了2%，剩下的2%算是借给你的，怎么样？"筹钱的生意人听了这番话，只能无奈地同意。

这种以退为进的策略，其最终的目的是"进"，"退"只是一种达成目的的方法，通过这种方法，可以在有效降低对方抗拒情绪的基础上达成自己的目的。

过度包容就是一种纵容

梁实秋先生翻译的《沉思录》中有这样一段话："每日清晨对你自己说：我将要遇到好管闲事的人、忘恩负义的人、狂妄无礼的人、欺骗的人、嫉妒的人、孤傲的人。他们所以如此，乃是因为不能分辨善与恶。但是我，只因已了悟那美丽的'善'的性质，那丑陋的'恶'的性质，那和我很接近的行恶者本身的性质——他不仅与我在血统上同一来源，而且具有同样的理性与神圣的本质，所以我既不会受他们任何一个的伤害（因为没人能把我拖累到堕落里去），亦不会对我的同胞发怒而恨他；我们生来是为合作的，如双足、两手、上下眼皮、上下排的牙齿。所以彼此冲突乃是违反自然的，表示反感和厌恶便是冲突。"

这段话一直被当作宽容的最高境界，马可·奥勒留（《沉思录》的作者）认为人们应该尽量避免冲突，保持合作的姿态，许多人将这段话当作为人处世的不二法则，但是也过分曲解了话中的意思，将宽容理解为"无条件地宽恕和体谅别人"，而这样的宽容从某种程度上说等同于纵容。

这种过分宽容往往包含两个方面的内容：第一种是管理式的宽容，它的基本形态是管理者对于被管理者的一些错误视而不见，或者不给予必要的惩罚。比如父母对于子女的溺爱会导致他们对于孩子们犯下的错误睁一只眼闭一只眼，孩子可以肆无忌惮地犯错或者做坏事。通常这一类宽容的说辞是"他们只是孩子"。

企业的管理者也会出现管理上的放纵，一些管理者对于员工的一些错误行为既不赞成，也不反对，这其实就已经处于一种纵容和默许的状态了。作为企业内部的管理者，他们有时候不希望自己"多管闲事"，有时候会认为员工所犯的错误不过是一个非常常见的现象，根本没有必要"小题大做"，在他们看来，这一切并没有什么。

石先生在最初创业的时候，成立了化妆品公司，当时整个公司的发展一帆风顺，石先生对于内部员工的管理也比较松弛，其中有一个不好的现象就是拍马屁，下属经常对上级百般谄媚。石先生并不喜欢别人拍自己马屁，也看不惯这种人，但是他并没有太在意，所以始终对那些喜欢拍马屁的人保持宽容。

后来，石先生因为投资失败而导致公司濒临破产，而在困境中，管理不足的缺陷也被彻底放大，这给石先生带来很大的教训，其中拍马屁的现象就严重影响了公司的发展。他后来这样回忆说："我不喜欢别人拍马屁，而且对爱拍马屁的人非常反感，原因很简单：一个有本事、心理健康的人，都不会想着依靠拍老板马屁来获得重视和提拔，只有那些心术不正、想不劳而获的人，才一门心思想着拍马屁。当年我投资新生意失败时濒临破产，公司遭遇到前所未有的困境，因此我下定决心，赶走那些爱拍马屁的人，第一批走的人就是那些经常拍马屁的人。所以我东山再起的时候，和各个部门说，拍马屁的当场罚款一千块。因为拍马屁会把管理者给宠坏。"

第二种过分宽容是道德上的宽容，其基本形态是受到伤害或者攻击的某一方，对于发起攻击或者犯错的另一方保持妥协。比如当某人一而再再而三地被他人侵犯利益时，会选择包容对方，而不予以追究。通常，这类人不会对他人的过分行为产生太大的反应，反而会不断告诫自己"这没有什么""事情都过去了"。

这种宽容会导致自己变得越来越被动，第一次人们会轻描淡写地说"他们做的事情有些不合情理"，当然这些事似乎并不值得追究；第二次，他们就会说"这些行为造成了一定的伤害"，只是问题还不那么严重；第三次，他们会痛苦地发现对方所做的事情已经让人感到危机重重。

此外，还有一种宽容属于社会性的宽容，即某些人对社会上一些不道德的行为采取漠视的态度，采取"事不关己，高高挂起"的态度，他们的说辞是"大家都不容易""习惯了就好"，而这样的宽容态度也涉及了社会责任感的问题。

过分宽容导致犯错失去约束力，而最终受到伤害的往往就是那些抱着"无所谓"态度的"好心人"，作家李敖说过一段话："人不能太善良，如果事事太大度和宽容，别人不会感激你，反而会变本加厉。人就应有点脾气，过分善良会让自己丢失自己的价值和尊严。有句话：人善被人欺，马善被人骑。凡事适可而止，善良过了头，就缺少心眼；谦让过了头，就成了软弱。"

为了避免出现纵容他人的情况，人们必须适当表现出自己的强势，必须想办法给宽容设置一个限度。其中，最重要的就是应该对错误的行为制定相应的惩罚措施，对那些错误的行为进行惩罚，就可以有效缓解和制止犯错行为的出现。

需要注意的是，人们对于错误行为的制止应该从小事做起，不能因为对方的错误很小，不能因为对方造成的影响不大就一味包容，要知道大矛盾、大错误往往就是从这些小事情开始的，对于小错误、小矛盾的包容，会助长犯错者的气焰，会让犯错者形成错误的价值观，久而久之，对方会变得更加肆无忌惮。

合理维护自己的正当权益

"如果老板从你这个月的工资中扣除了50元，你会去办公室找老板理论吗？"

"在商场里面，没有获得促销活动中承诺的礼品，你会上前与营销人员争论吗？"

"在与客户洽谈业务时，会因为利益分配问题而与客户讨价还价吗？"

"邻居家的狗不断跑到你的花园里，将那些花盆撞翻，你会找到邻居进行控诉吗？"

"当卖菜的小贩多收了一元钱，你会主动返回去要回来吗？"

"当团队内部人人都收到礼品，而你的礼品被其他人调换后，你会要求换回来吗？"

以上这些都是生活和工作中经常发生的现象，在出现这些情况时，许多人都会这样认为：这些事情只是鸡毛蒜皮的小事，可能不过是几元或者几十元的小利益，自己根本没有必要去计较。正因为保持这种"大度"的想法，他们经常对自身一些利益上的小损失表现得不屑一顾，这不仅会助长一些人贪小便宜和侵犯他人利益的不良行为，还会让自己在个人利益索取的问题上变得更加冷漠、更加被动。

有个职员陪同老板去商场购物，当天商场里举办促销活动，只要消费满500元，就会赠送1个布娃娃、1个漂亮的精品袋、5张小卡片。由于当天的花费超过了500元，老板到柜台结账后领取了赠品，可是离开时却发现小卡片只有4张，于是他就主动折回去，要求获得另外一张小卡片。

售货员不耐烦地回应说："这边卡片不多了。"

此时，职员也笑着说："没事，不过是少了1张卡片而已，一会我到外面给您买几张。"

老板却不依不饶，希望售货员可以将另外一张卡片补上，售货员并没有搭理他。接下来，老板生气地叫来商场里的负责人，才真正解决了这个问题。仅仅是一张小卡片就闹出如此大的动静，这让职员觉得有些不可思议，他开始认为老板有些不通人情，还有些抠门。

走出商场之后，老板随手将小卡片分给了路边的孩子，职员有些错愕地看着这一切，此时老板说道："这是我应该获得的东西，除非我自己不想要，否则我是有权利提出占有的请求的，而对方也有义务将东西交给我。"

"也许你会觉得一张卡片根本不值得计较，如果你总是这样想，那么一开始他们会拿走你一张卡片，接着会拿走属于你的茶杯，你的电视，然后是你的工作，而你也会在不断的'无所谓'中放弃更多属于自己的东西。"

职员听了，感到自愧不如。

人们通常只关注那些大事，只关注那些切身的大利益，对于一些小事情并不那么关心。另外，他们会觉得当自己的利益受到损害时，最好是对方能够自觉地意识到这一点，这样就可以免伤和气。因此他们可能会想办法给对方一点暗示，或者干脆等着对方自己发现问题。由于拉不下面子，由于担心自己主动提出要求会伤害到自己与他人的关系，或者影响到自身的形象，他们会对他人的侵犯行为睁一只眼闭一只眼，最后事情往往得不到妥善的处理。

从自我保护的角度来说，任何人的任何一种切身利益都值得维护，无论是大利益还是小利益，只要受到了外来的侵犯和损害，受害者就都有权利去讨要一个说法。人们必须建立起这样的意识，这是对自己负责的一种体现。如果纠结于自己这样做会不会得罪别人，会不会显得太小气，会不会显得没有风度，那么很有可能会成为那个最吃亏的人。在寻求自我保护这一方面，人们应当表现出自己的"脾气"，应当对那些危害或者侵犯自身利益的行为大胆说"不"，在必要的时候，还应该坚决做出反击。

在日常生活中，这种人往往心直口快，言辞犀利，似乎很容易得罪人，但与此同时也最容易获得成功，因为他们懂得和客户讨价还价，懂得对一些"对自己不利的事情"说不，懂得防御和反击那些伤害自己的人，懂得替自己争取应得的利益，而维护自己的利益本身就是自我保护和自我追求的一部分。

这些人通常都能够为自身的正当权益而努力，对他们来说，社会关系和利益并不是一个概念，尽管良好的关系可以为获利奠定基础，但是两者之间是有区别的。表面上良好的关系有时候并不能帮助个人赢得利益，而个人利益的获得有时候也不是依赖于关系的维护，如果过分看重关系，那么个人的利益会受到损害。有脾气的人会清晰地将两者区别开来，对他们来说，建立良好的关系非常有必要，但是对于个人利益的维护同样非常坚决。

当然，对于个人利益的维护并不意味着一定要锱铢必较，一般来说，每个人都必须确保自己的核心利益不被触犯，确保自己不会一而再再而三地被人侵犯利益，此外，这里还涉及一个重点：这些利益都是合理的、应得的。只要满足了以上这两个条件，那么个人就不应该有太多的顾虑，也没有理由保持一副"老好人"的面孔。比如在利益分配时，有人破坏了公平原则，或者违反了双方关于利益的约定，对于这些，利益的应得者都应该表现出坚定的决心，该提出抗议就要果断地提出抗议，该进行反击就要主动采取反击措施。

第三章

真正做自己，不要总是迎合别人

很多人为了确保自己和他人（社会）一致，会改变自己的立场和想法，迎合他人。盲目地迎合他人会导致自己失去判断力，丧失自我的精准定位，所以每一个人都要努力做自己。

勇敢做自己，才能赢得尊重

心理学家经常会提到一个词：潜意识。在潜意识中，人们可以按照自己的期望去活，可以变成某一类人，或者自由地去做某一类事，每一个人都可以拥有超能力、巨大的财富。在潜意识中，人的想法是最真实的，每一个人要想做什么就一定会产生类似的想法，这一点是不可能被掩饰的。比如在梦中，个人意愿会肆无忌惮地释放出来，几乎没有人会在梦中这样告诉自己："不行，我不能这么做，我还需要考虑到其他人的情绪。"梦里的人总是按照自己的意愿去活，会将自己最真实的情感呈现出来；梦里的人总是对自己充满信心，没有人会质疑自己。

除了做梦，心理学家会对一些心理疾病的患者进行催眠治疗，就是让对方将潜意识中的想法全部展示出来。潜意识代表了个人最真实的想法和需求，潜意识的自己往往具有更多真实的东西。但人们是否愿意像潜意识中所表现出来的那样去生活呢？这里涉及另一个概念：意识。

与潜意识相对应的就是意识，对于意识，人们可以简单地理解成现实生活的一种感知和反应，是可以进行推理和选择的，比如当人们从梦中醒来并回归到现实，很多时候就会变得身不由己，就更多地会被现实环境所左右，变得遮遮掩掩，一言一行都可能是自己的刻意隐藏和伪装，而这么做的目的通常就是迎合他人的眼光，塑造他人眼中的完美形象。

在意识层面，很少有人会从容做自己：在种种压力面前，人们害怕做自己，害怕做自己喜欢做的事，害怕表现出自己的真实形象，害怕做出决策，害怕表现出自己真实的性格，人们总是在环顾四周，看看自己适合成为什么人，或者在猜测和揣度"别人希望我成为什么人"，这种屈从和身不由己的好脾气往往会剥夺个人的自主权。

许多人会懊悔"我本不该干销售，我讨厌打扰别人"，或者说"现在证明了我不是当经理的料，我没法很好应对这个工作，有时候我情愿自己闷头干活，而不去管别人"。当人们在抱怨自己与工作格格不入的时候，或许更应该想的是"当初我为什么就听从了别人的劝告"，为什么当时自己不立场坚定地否定他人，为什么不站出来反抗，而要将命运放在他人手中？

苛刻的成功学家们总是一而再再而三地强调："命运尊重那些

自主自立的人。"但真正做到的人寥寥无几，很多时候，人们都是怯懦地隐藏自己，都在按照他人的意愿生活，都在遵循他人的指示去做事，而这样的人从一开始就已经失去了他人的尊重。

说起彼得·巴菲特，可能许多人都感到陌生，但是说起他的父亲沃伦·巴菲特，可能无人不知、无人不晓，作为世界上最著名的投资人，沃伦·巴菲特在几十年的投资生涯中积累了几百亿美元的财富，他本人也打造了一个庞大的商业帝国。按照传统的家庭教育模式，巴菲特应该让自己的子女进入公司打理生意，或者安排他们掌管自己的商业帝国。

实际上沃伦·巴菲特也这么想过，但是孩子们似乎都有自己的主见，其中彼得·巴菲特从事音乐创作工作，他的哥哥霍华德是农场主，每日和牛羊、玉米以及土豆打交道，姐姐苏茜则是一个地地道道的家庭主妇。几个兄妹并没有像其他富豪家庭一样，跟随父亲的脚步，或者按照父亲的意愿从商，他们都拒绝命运的安排，勇敢地选择自己喜欢做的事情。

彼得曾写过一本书《做你自己》，提到"富有的家长为子女铺路时，最常采用的方式就是让他们加入家族企业，或引导他们进入先辈的成功领域"，投资人不断劝说彼得，让他进入父亲的公司，然后安安心心继承家业，那样就可以比其他人更早地通往成功之路。一些同事也认为彼得似乎有些死脑筋，毕竟他拥有得天独厚的优势，只要他愿意就能够拥有富可敌国的财富。这些言论让彼得一度承受了巨大的压力，但他提出了一系列问题"这些表面的善意到底扮演着怎样的角色？""这是儿子的梦想，还是父亲的权威和对继承问题的考虑？"彼得认为任何人都不要盲目服从他人的安排，否则个人一辈子的梦想都会就此摧毁。

面对外界的质疑，彼得曾经坦言："事实上，我和父亲做的是一件事——我们都在做自己热爱的事。"虽然相比于父亲的成就，彼得·巴菲特的工作几乎微不足道，可事实上，他却比任何人都要觉得快乐，而且他也在自己的能力和工作范围之内获得了成功，这让他获得了其他人的尊重。

"勇敢做自己"，这是每一个人都要面对的基本问题，也是个体生存需要解决的一个基本问题，它关系着个人的自主权问题，关乎个体的责任感。如果将"做自己"进行剖析，可以分成三大类：成为什么人、希望做什么、希望怎样去做。通俗来说就是"我是谁""我要做什么"，以及"我要怎么去做"的问题。

　　"我是谁"是社会角色问题，其矛盾的焦点在于人们是想要成为自己原本归属的那一类人，还是成为他人理想中的那一类人。在现实生活中，多数人都戴着面具生活，不同的面具代表了不同的身份，但面具背后则是对于社会、对于环境、对于他人的妥协，以及个人身份的迷失。

　　"希望做什么"是个人职业问题，其矛盾的焦点在于个人是否有权利对自己所做的事做出选择，他又是否有意愿做出选择。在日常生活中，人们总是感慨自己有很多喜欢做的事没有做，原因就在于老板、朋友、家人总在旁边提醒他们应该做什么，而他们只会一味妥协与退让。

　　"希望怎样去做"代表了一种能力的认知，而很多人是欠缺这种认知的，他们对自己缺乏信心，对自己的能力和选择缺乏信心，即便自己真的有什么好的计划和点子，最终也会因为软弱的个性而屈从于他人的安排。

　　生活中随处可以见到"脾气很好"的老好人，这些人一直都在试图缓和自己与他人的关系，一直都在主动逃避自己与他人之间的矛盾，但是过好的脾气也磨掉了自己的棱角，并且让自己失去了存在感。无论是谁，想要赢得尊重，就需要弄清楚"我是谁""希望做什么""希望怎么做"这三个问题，这是找回自己的一种基本方式。

　　正如美国作家爱默生所说："愚蠢的妥协调和是小人的伎俩，

它为渺小的政治家、哲学家和神学家所崇拜。我们今天应该确凿地说出今天的想法，明天则应确凿地说出明天的意见，即使它与今日之见截然相悖——'哎呀，这么一来你肯定会被误解的！'——难道被误解是如此不足取吗？毕达哥拉斯就曾被误解，还有苏格拉底、路德、哥白尼、伽利略、牛顿，还有古今每一个有血有肉的智慧精灵，他们谁未遭误解？欲成为伟人，就不可避免地要遭误解。

　　"人往往懦弱而爱抱歉：他不敢直说'我想''我是'，而是援引一些圣人智者的话语；面对一片草叶或一朵玫瑰，他也会抱愧负疚。他或为向往所耽，或为追忆所累；其实，美德与生命力之由来，了无规矩，殊不可知；你何必窥人轨辙，看人模样，听人命令——你的行为，你的思想、品格应全然新异。"

立场坚定，做一个有原则的人

史蒂芬·柯维在《高效能人士的七个习惯》一书中这样写道："我们的安全感，不像其他以人或事为基础的系统，受制于频繁的变动，我们了解正确的原则是永恒不变的，因此我们大可放心仰赖之。"

"原则不会对事情反应，不会乱发脾气，不会以多重标准对待我们，不会跟我们离婚或与我们最好的朋友私奔，不会捉我们的小辫子……原则是深远而根本的真理，是正统的事实，是紧密交织着正确、一致、美德和力量的尼龙绳，贯穿着你我的生命结构。"

对于信守原则的人来说，他们不会轻易为他人大开方便之门，不会为了个人利益或者人际关系而违背准则，但多数人可能会在原则面前游移不定，一旦自己的原则被他人违反了，人们会怎样对待这些事？一位部门主管这样说道："我尽可能地想要保持同样的做事风格，尽可能希望所有人都可以按照规章制度办事，但我知道这是难以办到的，无论是求别人做事，还是别人求你做事，原则都是脆弱的。"

一位职业经理人这样说道："每个人从一开始都会给自己制定一杆秤，明确什么事该做，什么事不该做。不过对于多数人来说，一旦事情发生了变化，别人就可以轻易让他们变更原则，或者说他们自己很快就会对原则做出调整。"

原则有时候看起来最稳定，但是对于一些"老好人"来说，恰恰是最脆弱的。人们不妨先给"老好人"画个像：这种人怕得罪朋友，影响人缘，不拥护自己。怕坚持原则得罪老板，影响自己升职加薪；怕得罪各部门负责人，被疏远孤立，伤了和气；他们在推进部门的工作中，对于存在的问题，总是避重就轻，对不良现象睁一只眼闭一只眼，明知不对，还袒护下属。他们总是明哲保身，不讲原则，缺乏正气。在他们的眼里，谁也不得罪，就是最好的处世之道，但事实恰恰相反，一个不讲原则，对谁都说好的人，往往难以找到一个稳定的立足点。

李力是一个非常自律的人，他的自我管理能力非常强，无论做什么事情都非常注重原则性，并且绝对不会轻易动摇。

　　李力的原则性不仅仅体现在工作当中，即便是生活中，他也不会轻易改变原则，甚至不惜得罪他人。有一次，他和几个朋友在成都喝冰镇啤酒，卖酒的小姑娘拿出来的啤酒不是冰镇的，李力见到之后立马翻脸，非常严肃地说："你说啤酒是冰的，如果没有，你应该告诉我。如果你说有冰的是为了把我们哄坐下，那你是在骗我，我不吃了。"说完这句话，李力黑着脸就离开了，朋友们劝也劝不住。

　　还有一次，一个生意伙伴想拿到李力公司的项目，不过李力审查了下对方的资源和能力，发现对方根本没能力做好这个项目，李力拒绝了对方的请求。眼见李力不给自己卖人情，这个生意伙伴有点慌了，为了不影响自己的生意，他主动找到李力，并且下跪请求李力帮帮忙，一般人面对这样的情形早就心软了，可是李力却认为自己坚决不能违背原则，不能违反公司的规定，于是坚决拒绝了对方。这个生意伙伴见到老朋友如此"冷酷"，最终和李力翻脸，而李力对此也毫不后悔。

　　也许很多人会认为李力脾气不好，不懂得如何做人，不懂得人情世故，但实际上李力是一个比较好相处的人，只不过他所谓的好相处是建立在不触犯原则的基础上的，而在任何违背原则的事情上，他都不会妥协。

    王谦是一家企业的总裁，也是一个讲原则的人，他在创业初期，就明确告诉下属："我们从来不会因为利益而改变自己，也不希望你们会因为利益或者压力而放弃自己的做事原则，谁在工作中都会面临困难，谁在工作中都会遭遇各种挑战，但我们不应该轻易退缩和妥协，更不应该违背自己的原则，即便我们可能失去工作，即便可能关掉自己的公司，都要坚持原则至上的态度。"

    某一年端午，王谦在内部举办了端午节活动，当时有3个程序员设计了一个盗刷小程序，然后在端午节当晚的活动中利用盗刷技术刷走了10盒粽子以及一些小礼品，结果王谦知道后直接做出批示：参与作弊刷粽子和礼品的员工，当天下班前就必须离开公司。很多人认为他有些小题大做，毕竟这一次的活动本就是娱乐大家的，而且区区几盒粽子以及几个小礼品根本不值钱，因此没有必要闹出这么大的动静，可是王谦却认为盗刷行为已经严重触犯了自己的底线和原则，因此必须给予严惩。

    对于那些立场坚定的人来说，他们不容许任何违反原则和规定的情况出现，考虑到现今的人际关系策略，尽管他们的动怒有时候显得有些不近人情，会被人当成铁石心肠、不懂变通、教条主义，但坚持原则其实是一种非常难能可贵的特质。

如果不符合心意，那就不妨坚持己见

　　K出生在一个医生家庭，家庭条件还算不错，父亲一直期待着他能够成为一个令人尊敬的医生，还刻意要求他选择医科大学。不过对K来说，他真正感兴趣的是美术，而且他的美术功底非常不错，在整个高中期间，他一直背着父亲偷偷跟着美术老师学习。而反观医学，他根本不感兴趣，而且也没有任何这方面的潜质。

　　正因为如此，他始终没有将父亲的话记在心上，反而一直都在试图往美术方面发展。在即将报考大学志愿的时候，父亲再次找K谈心，目的就是逼迫他选择医科大学，向来对父亲言听计从的他，这一次选择按照自己的意愿去报考大学志愿，他不希望放弃自己真正喜欢和擅长做的事。

　　那一天，父亲联合家中其他成员一起劝说K，希望儿子

能够报考XXX医科大学，考虑到儿子预估的成绩已经远超过
该学校的分数线，因此父亲特意找到了该学校的一位副校
长——这是自己当初的老同学，他希望对方以后可以帮忙
照顾儿子。父亲所做的一切都让K感到为难，可即便如此，
他还是选择对父亲说"不"。

其他一些朋友也反对K学习美术，毕竟相比于美术，医
学的实用性更强，说句更加现实的话，学习医学不仅可以
在医院找到一份更好的工作，而且收入也不错。更重要的
是，学医还可以帮助更多的人预防和缓解病痛，社会价值
也很高。学习美术的人则不那么好找工作，一般的人可能
会难以找到称心如意的工作。K早就想过这个问题，可是对
他来说，学习美术以及从事美术工作都会让自己更有成就
感，而且他的美术功底赢得了专业人士的认可，自己没有
理由放弃这样的选择。

正因为如此，K选择了听从内心的声音，选择了最感兴
趣的美术专业，而正是这一份坚持和执着，让他在之后成
了本地最出色的画家，他还在当地博物馆举办了多次美术
展览。

有人做过调查，发现许多优秀的人都具有类似的气质，在很多
方面，他都愿意一意孤行，而这种一意孤行的做法不过是自信的一

种体现，他们并不是"偏执狂"，也不会盲目地坚持己见，而是对自身能够把握住的东西保持必要的信心，保持坚定的立场，为了排除外在的干扰，他们不得不变得更有主见，不得不让自己变得更具个性。

一个有趣的现实是，真理永远掌控在少数人手中，大众有可能会产生更宽泛的思路，但是只有少数精英才能真正了解到问题的本质。古斯塔夫·勒庞曾经在《乌合之众》中这样说道：

"人一到群体中，智商就严重降低，为了获得认同，个体愿意抛弃是非，用智商去换取那份让人备感安全的归属感。"

"群众没有真正渴求过真理，面对那些不合口味的证据，他们会充耳不闻……凡是能向他们提供幻觉的，都可以容易地成为他们的主人；凡是让他们幻灭的，都会成为他们的牺牲品。"

"孤立的个人具有主宰自己的反应行为的能力，群体则缺乏这种能力。"

"首先是每一个人个性的消失，其次是他们的感情与思想都在关注同一件事。只接受暗示的力量影响，对一切明确的告诫置若罔闻，像一个睡着的人，理性已被抛置脑后，当时间做完其创造性工作之后，便开始了破坏的过程。"

在古斯塔夫·勒庞看来，群体性的探讨往往会导致盲目，这种盲目具有传染性，而个人如果能够进行独立思考，就能够更加理性地进行分析，个人会对所要探讨的问题进行归类，会进行自省和参照，会产生更多的逻辑思维。

　　也就是说，人们通常需要懂得倾听和尊重其他人的想法，需要懂得尊重民主的沟通程序，但是在某些关键问题上，他们必须牢牢掌握自主控制权，必须自己去做出决定，而不是盲目地听从他人的意见。那些成功人士或多或少都带有一点儿独断专行的特质，这并不意味着他们缺乏民主精神，只不过在很多时候，他们更愿意相信自己的判断，更愿意相信自己的看法。

　　尽管一意孤行的行为常常让人感到不悦，但有时候却很有必要，为了将自己的意志落实，人们有时候必须纠正以往那种好脾气，必须展示出强硬的一面，优柔寡断和迎合他人都可能导致好点子被埋没，最终受到损害的还是自己。因此如果一个人有信心、有把握，且认定了自己的想法就是正确的，就不要轻易退缩或者委曲求全，而应该大胆表达自己的想法，并且表现得更加强势一些，毕竟对于掌握真理的人来说，一意孤行反而让自己更有魅力。

　　作家马库斯·白金汉在《现在，发现你的优势》一书中提到了这样一段话：

　　　　正如弗兰克·福山（Frank Fukuyama）在《历史的终结和最后的人》一书中所述，自古以来，许多最睿智的思想家都认为，"希望被别人尊为非同凡响的杰出人士"是人类的本性。"柏拉图讲到气魄（thymos）或'精神'；马基雅维利（Machiavelli）讲到人对荣耀的渴望；霍布斯（Hobbes）讲到人的骄傲和自负；卢梭（Rousseau）讲到人的虚荣心（amour-propre）；亚历山大·汉密尔顿（Alexander Hamilton）讲到人对功名的热爱；詹姆斯·麦迪逊（James Madison）讲到人的野心；黑格尔讲到认可；尼采则把人描画成'长着红脸蛋的野兽'。"这些思想家并不是说，我们都是自我中心主义者。他们只不过想表明，我们每个人从心底都渴望被别人视为值得尊敬的人；而且这种愿望极为强烈，以至于我们愿意冒死亡或伤残的危险去实现它。

我们大多数人不需要黑格尔、尼采或柏拉图来说服我们，而能凭直觉感受到这一点。在我们的所有人际交往中，从球场上的争吵到反抗压迫这一人类最崇高的抗争，我们都听到道德权威的声音在说："给予我做人应有的尊严。"

对于任何人来说，相信自我以及坚持己见的个性，正是赢得他人认同的关键，而这也恰恰是体现个人尊严的一种绝佳方式。

分歧面前，更要表现得自信一些

　　许多人都会出现自我价值保护的现象，自我价值保护是自己对自身价值的心理支持，其基本目的就是防止他人对自己的观点进行贬损和否定。一般来说，自我价值的确定是通过别人的评价来确立的：别人眼中的自己是怎样的，自己就是怎样的。这样一来就会导致人们对他人的看法和评价非常在意。一旦他人不同意自己的看法，一旦他人提出不同的意见，人们自然会将自己和对方对立起来，并且想尽办法为自己的观点做辩护。可是对一些好脾气的人来说，他们非常担心不同的立场会导致人际关系的破裂，所以当分歧出现的时候，自我价值保护原则的作用非常小——他们会抑制这种辩解的冲动，以确保自己不会对他人的评价、理念、想法产生太多的质疑。

　　比如有的人在会前极力宣扬自己的主张，可是当反对意见出现时，可能会临时改变自己的立场；有的人与人争论某个话题时，常常会被对方说服，或者直接屈从于对方，这会让他们陷入被动状态。最常见的屈从包括以下几个方面：

第一种和尊重有关，出于尊重他人的心理，人们面对分歧时可能会这样提醒自己：任何一个团队中都会出现不同类型的人，任何一次讨论都可能会出现不同的声音，忽略这些所谓的"异类"很有可能会影响自己的形象，可能会让彼此之间的关系变得糟糕，因此应该给别人更多表达的机会。

这是对其他人看法的一种尊重，但是尊重并不意味着屈从，在尊重他人意见的同时，坚定自由地表达自己的看法，两者并不矛盾，从另外一个方面来说，勇敢而真诚地表达自己的想法，正是对他人最大的尊重。

第二种和自我怀疑有关，在没有绝对的把握说服对方时，人们更容易陷入自我怀疑中，并且担心一旦无法获得成功将会让自己陷入尴尬的境地，为了保险起见，他们更愿意提前做出妥协，迎合对方的观点。一家调研公司曾对摩根大通、通用电气、IBM等数十家跨国公司进行调研，发现至少有一半人在面对他人提出的不同意见时感到困惑和犹豫，他们会动摇自己的信心，认为自己可能真的出错了。

第三种和纠纷有关，人们总是会习惯性地寻求共识，他们会认为冲突和摩擦有害无益，当分歧出现时，为了避免引起纠纷，甚至引火上身，人们会对他人采取更温和的态度，为了不让分歧演变成为争吵，他们会选择忍让和妥协。这时候，他们会思考如何大事化小，会思考"我该如何向他们靠拢"。为了防止发生对抗，他们更容易推翻自己的观点。这些温和派在意识到自己可能得罪其他人时，会选择保持沉默或者直接避开争论，并积极讨论建立某种共识的可能性。在必要的时候，他们可能会心甘情愿地迎合别人的观点。当然，这种一团和气并不见得都是好事，至少很多管理者不愿意见到这些，毕竟任何一个团队中可能都需要一条活跃的、捣蛋的鲶鱼，否则就可能变得死气沉沉。

　　第四种和直觉体验有关，人们通常都是凭借直觉与人打交道。几乎每个人都认为自己有适合和不适合打交道的人，这通常会导致我们在一些和自己立场不一致的人面前表现得不自然，这种不自然会削弱自信心，打乱自己原有的节奏。许多人在面对那些和自己意见不同、想法不一致的人时，就会变得"羞涩"和"不习惯"，这会让他们丧失原有的优势。

　　最后一种是取悦因素，人们通常会怀疑自己的表现不够好，还不足以让对方将自己排在第一位或者第二位，为了确保自己在他人心目中建立起"优先位置"，他们会做出进一步的退让和牺牲。

　　如果对这几种想法进行分析，就会发现心理因素会导致人们自信不足，无法强化和坚定自己的立场，且不能按照意愿行事。这意味着自己辛辛苦苦制定的方案轻易就被否定和放弃，意味着自己的发言权和选择权将会进一步被削弱，意味着自己的选择将会变得无足轻重，更意味着自己将博弈中的主动权拱手让人。这一点在生活中经常发生，那些迎合他人的人往往会逐渐被边缘化。

一个人是否自信，有时会决定他将在生活和工作中扮演什么角色，不过多数人可能都没有意识到这一点，事实上，他们对于自己的能力和他人的水平并没有一个准确的了解，有时候他们只是进行简单的察言观色而已。

很显然，人们由于习惯性地想要让自己远离麻烦，而削弱了自信心，在这里，认同自我似乎成了一种冒险的游戏，但这种认同在多数时候是有必要的，这是定位并认可自己的一种重要方式。因此不要放弃与人争辩的机会，哪怕自己有可能是错误的，也要昂首挺胸，给自己一些信心。

萧伯纳曾经是一个口才很差的人，可即便如此，他依然信心十足地与人争辩，并且在大众面前发表演说，人们不断取笑他、质疑他，可是他看起来丝毫没有因此而感到自卑或者妥协。他曾这样回忆："我是以自己学会溜冰的方法来做的——我固执地、一个劲地让自己出丑，直到我习以为常。"

争辩和讨论并非总是向着自己这一方，并不是每一个人的观点都是真知灼见，但是在交流的过程中，在试图与人进行辩论的时候，应该表现出来的气势是不可或缺的。一个人尽可以在谈判中被人说服，但不能在谈判中弃械投降。

　　所以，无论结果是否对自己有利，在分歧出现的时候，最好的
方式就是大声说出自己的观点，以自信的口吻去面对他人，在必要
的时候，可以撒一撒脾气，可以适当展示自己的目标、权益和信
念，这样做或许会赢得更多机会。

避免有求必应，懂得拒绝别人

有人会将当好人当成一份责任，而这份奇特的责任意识会促使他们在心理上对自己的诺言负全责，无论对方提出什么要求，无论对方做了什么不好的事情，他们都会选择无条件地迎合，并且认为自己的名声就建立在这份责任心上。在某些时候，他们会相当自觉，而别人也会认定这些人说到做到，可是这种乐善好施往往让人力不从心。

NBA球员几乎每个人都能够获得千万美元的大合同，即便是一些边缘球员每年也能领到几十万到几百万美元的薪资，这么多钱对于普通人来说已经足够生活了，可一个讽刺的现实问题是：多半NBA球员在退役后面临破产。人们甚至都没法想象，这么多的钱究竟去了哪里。

肆意挥霍显然是最大的一部分，其中包括逛夜店、买豪宅豪车、购买各种奢侈品、参与赌博、胡乱投资，还有一个原因也很致命，那就是施舍那些穷人朋友。大部分NBA球员都来自贫民窟，他们不仅缺乏理财知识，而且还注重义气，对朋友几乎有求必应。所以当某个球员获得一大笔工资后，往往会无条件地供养一大群酒肉朋友，这些人会像寄生虫一样将球员的资产腐蚀一空。

很多人会将"有求必应"作为人格的一种重要表现形式，"大度""心软"、富有"同情心"是他们的标配。这些人有一个很明显的特点，那就是非常渴望扩大自己的圈子，总是希望拉更多的人入伙，他们处处避免排外情绪的出现，无论什么人来求，他们都来者不拒。他们由于不希望有人受到伤害，不希望因为某一件事而破坏彼此之间的和谐关系，因此多数时候都在扮演大善人的角色：一旦有人求助，他们就会表现出侠骨柔肠。分享是有必要的，但并不意味着要无条件地接受他人的盘剥，很多时候，无原则、无条件地帮助他人就是一种对自尊的践踏，就是肆意地增加自己的负担。

还有一些人则是因为不知道该如何摆脱麻烦，他们对于身边人接二连三的请求，甚至是一些无理请求，早就感到无比厌烦了，问题在于他们并不想把关系弄得太糟糕，或者说他们碍于情面并不好意思直接开口拒绝。有时候他们会给出一些暗示，会委婉地提出一些抗议："我有时间的话，帮你看看""我现在有点忙""你说的这些东西，我不太懂"，一些人干脆保持沉默。

"没时间""忙""不太懂"或假装沉默都是一些暗示，不过对方可能并没有理解，又或者说他们故意而为之。面对这种偏于牛皮糖式的纠缠，如果不采取一些强硬措施，可能会一直都无法摆脱纠缠和麻烦。这种强硬不仅需要体现在态度上，也需要体现在每一句话的内容上。通常在一些比较重大的事情上，在一些有可能给自己惹上大麻烦，或者违背原则的事情上，如果不想帮忙，就一定要郑重地予以回绝，拒绝的口气一定要坚定、强烈，甚至可以带批评的语气。

——"在这件事上，你这样做不对。"

——"不行，我们虽然是朋友，但这是原则性问题。"

——"这件事风险太大，我不想蹚这趟浑水。"

——"你还是找其他人帮忙吧，这个忙我帮不了。"

——"对不起，你的要求太过分了，我无法做到。"

——"这件事不是帮不帮的问题，而是根本就帮不了。"

上面几种谈话方式虽然听上去有些不近人情，但在一些比较麻烦的情况下，由于直接、简单，往往省不少力。此外，一些日常生活中的琐事也往往让人头疼，在面对这些琐事的时候，个人在拒绝时所面对的压力可能更大一些。

比如某个邻居经常串门借东西，这位邻居是一个单身汉，生活方面并不那么讲究，连一些基本的生活用品也不齐全，经常缺个勺子，缺点食用油，或者缺一袋盐，然后对方总是三天两头上门借东西，并且经常借了就不还。

比如，某个同事在工作期间经常跑来问这问那，一会儿让你帮忙整理表格，一会儿让你帮忙修电脑，一会儿让你帮忙修图，这些原本都是小事，可是接二连三的小事会打乱你的工作节奏。

无论是对发出请求的人来说，还是对接收信息的人来说，以上这些都不过是一些生活和工作上的小事，但这些小事容易积少成多，如果不能痛痛快快进行拒绝，不能给出一个坚定一点儿的表态，可能小事情也会没完没了。为了杜绝无休止的纠缠，人们必须快刀斩乱麻，尽快提醒对方："这已经是这个月的第三次了，你老是这么折腾下去也不是办法，我只能帮到这儿了""这些事情并不难，你完全可以自己解决的""偶尔帮忙还行，但现在我真的没有那么多时间"。

　　小张是一家跨国公司的职员，在公司工作多年的他一直都是公认的老好人，只要别人有要求，他都会帮忙，通常他在完成自己分内的工作后，还会额外地帮助他人完成任务。无论是同一个部门的同事，还是不同部门的同事，都对他印象非常好，上司也经常夸他能干，可是他在公司里也算老员工了，却只是一个小组主管。几个当初和他一同进入公司的职员，有的已升为部门经理，有的当上了部门总监，只有他看起来最没有前途。

不仅如此，小张还对自己的亲戚朋友以及老乡特别友好，只要他们有什么要求，他一定会尽量帮忙，正因为如此，大家都愿意问他借钱，而这也导致小张的大部分收入都被他人借走。其他同事都已经在城区买房买车，只有他至今还租住在条件不那么好的公寓里，而且随着房价不断攀升，他意识到自己买房的愿望越来越难实现。

那些乐于助人且不知道如何拒绝他人的人，往往会遭遇到小张这样的困惑，他们本性善良，但他们的个人世界已经被严重透支，而且随时都有"破产"的危险，这种危险有可能会让他们在人生的道路上变得举步维艰。

因此，对于那些乐于助人的人来说，需要明白三点：第一，个人的时间、精力、财富都是有限的，不可能事事都为别人考虑；第二，每一个人都有自己的生活和工作，任何帮助他人的行为都必须建立在能力所及且不会影响到自己生活和工作的基础上；第三，任何对他人的帮助都是有限度的，不要满足他人无止境的要求，以免让他人对自己产生过度依赖的心理。要知道，毫无原则地帮助别人，只会给自己招致更多的麻烦。

第四章

真正的强者要严格待人待己

太好说话或者脾气太好的人往往缺乏自制力，对自己和他人的约束力不够强。真正强大的人会时刻约束自己和他人的行为，会懂得给身边人施加更大的压力和助力，确保大家处于被激活的状态。

强大的人是需要一点脾气的

很多书籍或者故事中都会将"好脾气"当作成功学的一个基本原则来对待，在这些作品中，个人的忍耐、包容、退让、示弱、吃亏会被当作一种美德和策略，而脾气越好的人似乎也越容易获得成功，这种说法是成功学的一个重要组成部分。可在现实中，一个人的脾气如果太好，反而会遭遇到各种尴尬，反而会处处受制于人，可以说脾气太好的人难以获得太多成功的机会。

如果对那些知名的成功人士进行分析，就会发现多数人都不会表现出过好的脾气，不会表现出过分妥协与迎合的特质，他们之所以获得成功并非因为事事妥协和让步，并非因为没有任何脾气，而恰恰在于他们懂得把握一个好脾气的尺度。

牛顿是一个非常严格的天才，他常常全身心地投入到工作当中去，而对于工作的专注也让他显得有些固执。据说，牛顿非常喜欢当众发表演说，可是一旦人们对他的演讲不感兴趣，并且离开，他会对着空房子一直说下去。但正是这份固执，使得他在物理学领域、数学领域都有了很大的突破。

陆先生是一个脾气不太好的建筑师，这个毕业于名牌大学的建筑师人缘一直很不好，还非常热衷于和同事打口水仗，只要是和工作有关的事情，他都会表现出非常严谨的态度，会表现得非常勤奋。2009年，上海一家博物馆准备斥巨资建造一个具有欧式风格的巨大穹顶，为此博物馆以巨资悬赏建造方案，陆先生主动请缨，接下了这个难度很高的工作，当然，为了确保工作顺利完成，博物馆还邀请了其他建筑师一同参与设计。

自信满满的他在进行实地测量和分析后，坚称有办法造出最美丽的大穹顶，但是却拒绝透露一些关键工艺。他有自己的一套工作方法，有自己的设计理念，虽然他也懂得与人进行交流，但那些人的想法完全没有吸引到他。不仅如此，他非常反感那些不懂装懂的人在自己面前指手画脚，而在一些设计理念上，他和其他建筑师的沟通一直都很不顺，工程进度一直停滞不前。为了避免受到干扰，陆先生对其他建筑师以及不是内行的管理者下达了逐客令，要求他们要么保持沉默，要么干脆退出。陆先生认为博物馆既然将任务交给了自己，那么自己应该拥有绝对的控制权和决策权。这条逐客令一公布出来，他很快就被众人孤立起来，但这使他有了更多的私人空间进行创作和设计，也使得他出色的才华不会受到世俗人的干扰。

很多成功人士或多或少都有一些脾气和鲜明的个人态度，他们特立独行，从不迁就他人，也不将就任何事情。那么为什么许多强大的人不容易成为"老好人"呢？

那些有脾气、有态度的人一般不太善于控制自己的情绪，这种人直爽、精力旺盛、容易动真感情。他们体内控制型的能量比较高，即便不以发脾气的形式表现出来，本身也属于严格、认真的类型，情绪外露比较明显，不喜欢隐藏，有事情会当面讲清楚。

一些心理学家还提出了另外的看法，他们认为那些成功人士之所以表现出"不会完全迎合他人"的想法，关键在于特权：特权使人变得更有主见，有时候甚至使人变得更加粗鲁。加州大学伯克利分校的心理学家保罗·皮夫领导自己的研究团队进行了实验，来检测较高的社会地位是否意味着高贵的行为，结果答案让人吃惊：同较低阶层的个体相比，较高阶层的个体表现更缺乏宽容心。高层人士不习惯于他人与自己的观点不一致，不习惯于见到其他人违背自己的意愿，哪怕仅仅只是迟到和小失误，都可能让这些人火冒三丈。

心理学家认为成功人士具备更强大的能力，他们拥有更多的资源，拥有更大的权力，有时候会将自己独立于他人甚至整个系统之外，并且会将自己的想法看得非常重，这些成就大事业的人更加注重自己的感受，更加自信，他们不愿意迁就他人，并且不喜欢围绕着他人去生活和工作，对他们来说，只要自己活着，就应该有所作为，而有所作为的前提是"一切都要依靠自己去奋斗"。

这是一种与生俱来的特质，他们自出生起就带着"永不妥协""不轻易退让""大胆做自己"这一类特质。那些最强大的人，他们几乎从一开始就表现得与众不同，就不在意在他人面前展示自己"不那么好相处"的一面，对于他们来说，如何展示自己的影响力，如何避免被他人彻底干扰，才是最重要的事，为了达到自己的目的，他们有时候会适当做出让步，但不会轻易委曲求全。

此外，强大的人在生活中会表现得更为认真一些、严谨一些，这些人以目标为导向，注重权威，对事的关注度比较高，非常看重规则和制度的约束作用，不允许有人违背原则；强大的人更具责任心和上进心，他们对生活的领悟能力和领悟的层次都要比一般人高，追求也要更高，更重要的是，他们不愿意随随便便就降低自己的姿态。强者更像是一头狮子，他们也会以狮子的标准来要求身边的人。

他们有时候就像麻烦制造者一样，常常会给自己和身边的人增加各种压力，常常会选择给自己和他人提出更多更高的要求，但这些要求是自我提升的一个重要助力：要想变得更加强大，那么就要懂得去承受更多的激励，去承受更多的压力。

精益求精，努力做到更好

人们经常会谈论"二八法则"，在一个群体中，可能只有20%的人会做出成绩，而在这20%的人当中，只有极少数人堪称成功，多数人也仅仅只是做出了一点成绩而已，甚至算不上是优秀。真正优秀和卓越的人，往往是对自己最狠的，对身边人最狠的这一类人，他们常常会被当成疯子，甚至被当成坏人，他们的一些要求常常会被人认为是无理取闹，可正是因为足够执着，他们成了极少数的社会精英之一。

江生就是这样一个人，这个毕业于伯克利音乐学院的高才生，一直以来的梦想就是成为一个出色的小提琴演奏家。他曾经为了谱写一首曲子花费了整整三年半的时间，而且几乎对每一个细节都进行精确的分析和设计。

一开始他前往欧洲各国游历，希望能够找到更多素材和灵感，半年之后，他拟定了第一份草稿，并且亲自演奏给别人听，当时同学和导师都认为这是一个非常优秀的作品。可是江生对此感到不满足，总是觉得某些地方显得有些生涩和牵强，因此开始对那些不好的地方进行润色。

成稿之后，他多次进行练习，可是却没有找到自己想要的那种乐感，而这个时候，导师希望他能够将这首曲子作为大学年度交流会的演奏曲目，毕竟在导师看来，经过修改的曲子已经变得更加优美，而这对于一个新人来说，已经非常了不起了。

江生却知道自己的曲子虽然听起来非常不错，可总是让人感觉还少点什么，他自己也说不出这种感觉究竟是什么，也弄不清楚到底缺少了什么。那段时间，他一直都在琢磨整首曲子，希望在导师将其用作交流会演奏曲目之前修改好。

一个月之后，当导师前来索要曲谱时，江生非常失落地说："我不准备将这首曲子交给你，我觉得它只是一个失败的作品，因此不值得享受这样高的规格，我希望创作出更好的作品。"导师有些替他感到惋惜，但是明确表态尊重他的决定。

在那之后，江生做出了一个决定，彻底推翻之前的曲谱，彻底推翻之前的演奏风格，并开始重新进行设计和创作，在他看来，只有这样才能真正创作出更好的作品，一旦被束缚在原有作品的格局当中，就可能难以获得突破。

不久之后，江生再次起航，花费两年时间前往亚洲、拉丁美洲、非洲等地采风，并将各种不同文化进行融合，慢慢找到了创作的思路和灵感，这一次，他终于创作出了令自己感到满意的作品，而这个作品也很快获得了业内专业人士的一致好评。

当人们表现得更加严厉，不断以高要求来约束自己的时候，他们通常更容易获得成功。一个强大的人，一个成功的人通常就是被自己逼出来的。许多成功者常常是工作狂，是完美主义者，他们不容易做出妥协，待人苛刻，偶尔缺乏生活情趣，甚至有些吹毛求疵，他们是他人眼中的"异类"，而不是传统意义上的老好人。可是从另一方面来说，他们有着更高的追求，有着更为强大的自律精神，有着更为坚定的意志力和控制力，这种控制力并不是独断专行，并不是不近人情，而代表了一种基本立场、一种基本态度，一种做人的原则和底线，更代表了一种进步的心态和决心。

大多数这种人有这些特征：他们很少庆祝成功，却对一些比较明显的错误和失败耿耿于怀；他们很少关注自己取得了什么样的成就，而总是想着还有什么地方可以得到明显的改善；他们非常严苛，有时候对自己的错误和他人的错误予以谴责，并且不喜欢那些安于现状或者停滞不前的人。

反过来说，脾气太好的人看起来更加温和，看起来更能够体谅人心，但他们通常是一些松弛的自我管理者，是一些缺乏自律的人，总是在放纵自己和他人的错误，常常表现得懒散而松弛；他们可能没有多少变大变强的愿望，也不具备那种督促自己和他人的魄力，凡事都认为"我已经做好了"，或者认为"自己已经做得足够出色了"，他们在生活和工作中并没有太高的追求，也不会对身边的人提出高要求，而这可能会养成"无所谓"的心态和习惯，这种习惯性的放松会让他们逐渐沦为平庸。

心态上的不同往往会导致行为结果上的巨大差距，一心寻求进步和容易止步不前的人在人生发展过程中往往会产生巨大的差距。心理学上有一个著名的公式，1的365次方等于1，1.01的365次方约等于37.78，而0.99的365次方约等于0.026。其中："1"代表着每一天的努力，"365"则是一年的天数，"1.01"表明每天都进步0.01，而"0.99"则代表每天都少做0.01。通过观察这些数据，可以发现每天的进步和退步其实非常细微，甚至可以忽略不计，可是如果将其放到一整年这样的周期中，就会产生截然不同的结果：每天进步0.01的人到年底时，他们所做的业绩已经达到了正常水平的37.78倍，而每天退步0.01的人，他们年底产生的价值大约只有平常水平的1/40。

许多对自己严苛的人都是非常出色的发明家、领导者，他们不能容忍自己止步不前，不能容忍自己的工作漏洞百出，"做得更好一点，再好一点"是他们的口头禅。一旦陷于平庸之中，他们大概就会疯掉，这一类人总是和自己过不去。

在很多时候，他们不仅有着强烈的自我控制和自我监督意向，还督促和激励身边的人不断变强、变好。他们会认为每一份工作都处于"正在完善中"，每一个人都处于"正在加工中"的状态，一切都充满可能。而这就使得他们想办法给予他人更大的压力。

精益求精是一种可贵的品质，它让人们摆脱庸碌无为，让人们不断去挖掘自己的价值和潜力。那些渴望成功的人需要改变自己的态度，要给自己设定更高的目标，给自己设定更高的要求；严格约束身边那些一同奋斗的人，为他们设定更高的要求。

从细节做起，保持严谨的态度

　　张亮是某大学联赛的主力得分手，作为队内投射能力最突出的球员，他的三分球水准非常高，无论是出手次数、命中数、命中率、难度系数，都堪称顶尖，许多人将其看作学校内部最出色的三分球射手，就连其他一些高级联赛的球员都来向他讨教投篮问题。

　　而他之所以能够成为顶尖的三分球射手，主要就在于在投射三分球时对诸多细节的把握。了解张亮的人都知道，他的身高比联赛球员的平均身高要矮很多，这样一来，他面临的干扰可能会比多数球员更多，所以他只能强化自己的投射能力，而这种强化已经到了完全细节化的地步。

　　比如许多人投三分都是讲感觉，而张亮则要求自己必须对动作细节进行精确化处理。比如许多教练会教育球员："投篮时两脚间距与肩同宽，双脚对准篮筐方向。"可是这样做会带来一个新的问题，投篮时必须将手肘扭正，这个扭正动作可能会干扰投篮姿势。所以张亮做出了调整，他投篮时的双脚间距较宽，脚尖向左侧倾斜大约10°，这样就使自己的右臂推出篮球时正对篮筐。

不仅如此，张亮还要求工作人员和训练师观察自己的投篮弧度，然后做出统计，最终他将自己的三分球投射角设置为大约50°，而入筐时的角度为46°。专门提供投篮技巧优化服务的约翰·卡特曾经做过精确的计算，发现三分球入筐的理想角度为45°，而张亮的投篮轨迹在数学上是近乎完美的。

在角度得到调整的同时，张亮还要求提升自己的出手速度，这样就使得自己在面对更高大的防守者时可以快速出手，这也是他的投篮往往会在0.3秒内完成的原因。有人曾经认为他的投篮是一种天赋，但对他来说，更多的还是一种把握细节后的反复练习，毕竟联赛中很少有球员会像他一样对投篮动作的每一个细节进行分解和改进。

都说"细节决定成败"，把握细节就是一种严谨的生活态度、工作态度，追求细节的人往往更谨慎、更执着。善于把握细节的人，总是会在一些细枝末节上提出更高的要求，这种人往往过分挑剔，他们像猫头鹰一样，转着脑袋环顾四周，或者拿着放大镜搜寻错误以及其他一些不合时宜的东西，他们不能容忍那些不合理的环节存在，哪怕只是小问题也能让他们保持高度紧张，正因为如此，他们常常会被人误认为脾气不太好。

这些人具有猫头鹰式的领导特质，喜欢安静地思考，追求事物的精确性，细节和精准是做事的基本原则，有时候甚至显得有些吹毛求疵。此外，他们做事很有原则性，追求公平公正，做事认真严肃，强调纪律性，具有很强的是非感。猫头鹰在中国文化中是不祥的象征，而注重细节的人同样会受到身边人的误解，且容易引发他人的不满，尤其是对于那些无能的、自怜而佯装不知的、散漫且混乱的、缺乏礼数的、缺乏价值观的人来说，对细节的过度关注可能会让他们浑身不自在。而那些老好人，往往会放松对自己的管控，会降低对他人的要求，这样就容易滋生粗心的坏习惯，这些人对细节缺乏足够的关注度，缺乏严谨的态度，事事都放宽标准，他们可能会在细节上栽跟头。

　　国王与伯爵们即将展开决战。战前，国王让马夫找铁匠替自己的战马打一副好的铁蹄，可是铁匠发现钉子不够，于是就提议马夫去寻找。马夫觉得少一颗钉子也没什么，况且大战在即，没必要浪费时间去寻找。国王对此也没有仔细过问，平时对自己的马夫就管得不严，因此就直接骑着战马上阵杀敌。由于钉子数量不够，马掌在战斗的过程中脱落，而国王也直接从马上摔落而成了俘虏。

如果国王平时是一个严格的人，如果马夫是一个注重细节的人，或者说国王愿意亲自查看装备，那么事情或许就不会发展成后面这个样子。不过，在日常生活中，许多人都会轻视细节，他们常常会产生这样的想法，会认为"这只是一个小问题，不值得浪费时间""我还有很重要的事情要做，这些细节问题谁顾得上""我是做大事的，小事情让别人去做""把大事做好就行了，那些细枝末节无所谓"。

伟大的美国民权运动领袖马丁·路德·金曾经这样说道："如果一个人是清洁工，那么他就应该像米开朗琪罗绘画、像贝多芬谱曲、像莎士比亚写诗那样，以同样的心情来清扫街道，他的工作如此出色，以至于天空和大地的居民都会对他注目赞美：瞧，这儿有一个伟大的清洁工，他的活儿干得真是无与伦比。"真正的成功人士不仅具有大格局，而且还必须拥有做小事的气量和把握细节的能力。

查尔斯·狄更斯在作品《一年到头》中这样写道："有人曾经被问到这样一个问题：'什么是天才？'他回答说：'天才就是注意细节的人。'"事实往往如此，那些被称为天才的人，那些成功人士，有时候不仅比平常人看得更远，还比一般人看得更仔细。尽管有时候他们会显得过分严格，尽管人们通常会觉得他们太挑剔，可正是因为足够挑剔，才能够变得更强更好；人们会抱怨他们过分严格，可严格才能造就更高的品质，才能够成功规避风险，并让他们变得出类拔萃、与众不同。

总体上来说，注重细节的人往往会拥有更加精彩、更加精致的生活，他们会掌控好身边的资源，会将每一份资源的价值进行放大。与此同时，他们又是最稳重的人，不允许自己被那些小问题所击倒。

而要做到重视细节，往往就需要对自己严格，也需要对他人严格，这种情况下，难免会有一些脾气。如果是一个所谓好脾气的老好人，显然是无法做到这一点的。所以，避免毫无原则的好脾气，才更容易有所成就。

不达目的，绝不轻易罢手

在生活中，几乎每个人都有自己的人生目标，几乎在每个人生阶段，人们都会产生不同的目标，人们常常会说"我希望成为科学家""我正走在成功的道路上""我的目标是今年能够帮助公司卖出100辆汽车""我最好在月底完成这份计划"。

可是一旦经过一段时间的实践，很多人就会打退堂鼓："这件事超出了我的预期，我真的该放弃了""我已经尽力了""这不是我所能做到的事情""既然对方这么坚持，我还是算了"。当人们在挫折中不断提出质疑的时候，就很容易在追求目标的过程中迷失。很多时候，放弃目标是执行力不足或者执行意识薄弱的表现，他们容易对困难妥协，反而变成了"思想上的巨人，行动上的矮子"。

如果人们不能对自己更加严厉一些，不能用鞭子鞭打和督促自己，那么懒惰的心理会很快腐蚀个人的梦想，会将个人的目标击得粉碎。所以那些非常自律的人总是时刻督促自己以及身边人把握住目标，不要轻易放手，尽管他们有时候显得有些严苛，会让人觉得他们在故意折磨别人，但事实上正是这种执着、严苛，才能够确保目标顺利完成。

许多奋斗的人会坚持自己的理想和目标，会强制要求自己以及身边的人一同去实现这个目标，就是因为他们更具责任心，他们在工作中更加懂得尽职尽责。尽责性其实是人们控制、管理、调节自身行为的方式，它可以评估个体在目标导向上的组织、坚持以及动机，这种人往往拥有比较强烈的荣誉感，比较讲究做事的态度，他们往往比较严谨、认真，会一丝不苟地完成相关的工作，无论遇到什么困难，无论遭遇多少诱惑，他们都会按照原先的目标去完成相关的工作。而且他们通常比较严肃，追求效率，对于那些懒散的、不负责任的人感到愤怒，他们会执着地将目光锁定在目标上，而绝对不会受到外界的影响。

人都是有惰性的，它很容易让人自降要求，很容易让人丧失进取心和耐心，而不达目的誓不罢休的血性和韧性则是维持一种强势进取的必备因素，对于那些对自己有更严格的要求，对生活有更多期待的人来说，有了目标就要努力去实现。

比如，西点军校的教官会给每个学员下达命令：面对上级分配的任务，不能说"不可能"或者"完不成"这样的话，学校不允许任何学员半途而废。在很多时候，教官会制定一些"不可失败"的强制性规则，要求每个学员必须拿出一个合格的结果，没能完成任务的人将会面临被学校开除的处罚。

西点军校，一直都推行一种魔鬼训练方式：学员们必须背着将近20公斤重的背包进行急行，学员必须在规定时间内完成几公里的路程，哪怕是慢几秒钟也不行。在完成第一阶段的训练后，学员们必须立即进行100多米的武装泅渡，上岸后则要立即背起背包跑100多米到达第一个集合地点，然后徒手攀越10米高的钢索，接着跳到湖中心后快速泅渡上岸，最后再做10个俯卧撑。

这样高强度的训练对于任何人来说都是一种巨大的挑战，即便是身体素质再高的学员，也常常会被弄得筋疲力尽，可是没有人会轻易放弃和退出，因为教官随时都在身后盯着，只要有失败者出现，就会在考核中被淘汰，甚至被迫离开学校。很多人会认为教官的教学方法过于严格，不够人性化，无论是对学员的身体还是心理，都会造成很大的负担。但事实表明，正因为要求严格，西点人才能很好地践行自己的诺言和目标，西点军校也才能成为世界上最有名的军校之一。

很多经历过磨难的人都知道，成绩往往都是逼出来的。这并不是一个谦词，而是对个人奋斗历程的一种刻骨铭心的体会，在生活中，只有那些不断逼迫自己向着目标前进的人，只有那些逼着自己努力实现理想的人才能够真正获得成功。相反地，如果人人都保持好脾气，都对失败保持宽松的、放纵的姿态，那么执行力将会受到很大的影响。

第五章

保持勇猛，你的人生才能突出重围

那些更加勇猛的人，才更有机会突出重围、掌握更多的资源。任何一个人所面临的生存环境都不会总是温和的，在艰难的环境中，不能总是保持"老好人"的性格和姿态，而要让自己勇猛。

生活中有时候不需要"老好人"

人们通常会觉得好脾气的人才会过得更好，才更容易获得成功，在各种名人的所谓成功学中，都在讲如何忍让、如何吃亏、如何示弱，这些成功学对于成功的定义大都离不开这些字眼："忍耐""低调""退让"，几乎每一个成功者都离不开自我克制这一法则，都离不开"先学会做一个好脾气的人"。

可是如果深入挖掘和分析，就会发现任何一个成功者几乎都有其强势的一面，而这使他们在激烈的竞争环境下能够脱颖而出。

有一个社会现象是，许多前去咨询心理问题的人都是所谓的"老好人"，那些脾气不太好的人反而不容易在心理层面出现问题。原因就在于"老好人"总是选择压抑自己的情绪，当他们遭遇不公正的对待时，常常会选择忍受，这样就导致他们的精神长时间处于紧张和抑郁的状态。这种人有自己的主张，却要听从别人的指导；明明不喜欢做某事，却不懂得如何拒绝别人；受到欺侮时，还要故作没事一般，考虑到他们长时间没有办法引导和调整自己的真实情感，常常会感到无奈。

因此，无论是从现实生存的角度还是从心理调节的角度看，充当"老好人"都是一种伤害自己的行为。有很多人喜欢帮助人，喜欢主动吃亏，事事都抢在别人前面承担责任，而且常常无条件地帮助别人，可是别人却常常得寸进尺，提出更多要求。比如，有个卖蚕丝被的店主有一次送给朋友一套上等蚕丝被，结果对方连句感谢的话都没有，就直接拿走了被子。几天之后，这个朋友不小心将烟灰掉在被子上，烫出了一个洞，他来到店里希望获得一套新的蚕丝被，这让店主感到为难，抱着好人做到底的想法，只好勉为其难地再赠送了一套新的。

几天之后，卖蚕丝被的店主无意中听到了这样一件事：那个接受馈赠的朋友竟然跑到其他人面前说自己太小气，赠送的蚕丝被质量不好，而且还污蔑店主说店里面很多都是次品，根本就不值得购买。原本以为自己的大方举动会赢得朋友的好感，可是没想到朋友不但不感激，反而在背后恶意中伤自己，这让他非常生气。

类似的事情很多人都遇到过，一些人常常会觉得只要自己心肠好，只要自己懂得帮助别人、忍让别人，那么就能够改善人际关系。可如果一个人脾气太好，习惯了当"老好人"，那么可能会在生活中处处受到侵犯。大画家达·芬奇是一个非常善良的人，为人非常好客，因此朋友众多。但是有一些朋友见到达·芬奇的画非常出名，于是动了歪念，竟然到达·芬奇家里做客时顺走了一些画作。达·芬奇知道后并没有追责，更没有对朋友说起这些事，结果自己的很多画都丢失了。

当一个好人并没有错，但是一味充当"老好人"就可能会让自己陷入困境，老好人往往缺乏自我保护意识，缺乏最基本的防备之心，缺乏应对外界压力的能力，而这样的人是难以真正维持自身生活的平衡的。为了确保自己不受到恶意的伤害，人们有时候需要让自己变得更加强势，需要让自己变得更加主动：面对他人的得寸进尺，一定要果断说不；面对他人无礼的伤害，要注意自我保护，要做出反击；在争取正当利益的时候，不要害怕竞争，更不要主动退缩。

保持竞争性是应对侵犯的重要方式

在日常生活中，常常会看到一些"以牙还牙"的人，有时候人们会觉得这些人气量很小，但他们更加懂得如何在竞争中保护自己并掌控主动权，在他们看来，"报复心强"不仅仅是一种生存态度，更体现出了竞争的本质。

何欢是一个恩怨分明的人，在大学期间一直都表现出强烈的疾恶如仇的个性，参加工作以来，他也像其他人一样慢慢做出改变，尽量收敛大学时期的锋芒。可是和其他人一味做出妥协让步，逐步磨平棱角、抹杀个性不同的是，何欢始终保持着自己做人的尊严和底线，平时他懂得与人和睦共处，对于一些误会和小矛盾也能够以平和的心态予以解决，可是在面对他人恶意的攻击和侵犯时，他从来不会坐以待毙，而是坚持自己的底线。

只要外在的攻击和侵犯超出了自己容忍的界限，或者触及了他的底线，他向来会毫不犹豫地进行抨击，从来不会逆来顺受。实际上多年来，对手们总是无所不用其极，想尽办法抹黑何欢，在公司里不断打压和排挤他，而他在忍无可忍之后往往会做出猛烈的回击。有的人曾劝说他干脆主动认错，顺便收敛一下自己的锋芒，但是他认为自己并没有做错，而且也一直都以先礼后兵的姿态待人，如果别人对自己和气，自己自然也会这样对待别人，可是对方一旦得寸进尺，不断侵犯自身的利益，那么他也会绝不留情地给予还击。

在生活中，相比于过激的反应以及过分妥协的态度，这种"从不挑事，但也不怕事"的行为往往会赢得他人的尊重，这种人往往具有更为鲜明的性格特征，更加鲜明的立场。相比于其他人，他们更加睿智、更富正义感，而且对于人际关系的把握更加智慧。

有一个知名的律师有一次作为被告的辩护律师出庭，并与原告律师多次发生激烈的争辩和交锋。当时原告律师在法庭上把一个简单的论据翻来覆去地陈述了两个多小时，这让被告辩护律师和听众都感到不满，可是陈述者就像没事发生一样，继续在那里浪费大家宝贵的时间。

轮到被告律师上台替被告做辩护时，他先脱掉了外衣，然后将衣服放在桌上，接下来不慌不忙地拿起玻璃杯喝了两口水。原告律师对此相当不满，一直催促对方可以开始做辩护了，可是被告律师根本没有听进去，他重新穿上外衣，然后又拿起杯子喝水，接着再脱外衣。明眼人都知道被告律师是故意这样做的，他反反复复了五六次，目的就是以其人之道还治其人之身，原告律师气得两眼冒火，但法庭上的听众却哄堂大笑。在大家的笑声平息之后，被告律师才不慌不忙地开始自己的辩护演说。

在一个讲求合作共赢的时代，一个人如果保持竞争性和攻击性，往往会遭遇道德上的谴责，人们会认为他们小心眼，会认为他们缺乏容人之心，但这些人都没有考虑一个现实问题——这同时也是一个充满竞争的时代，而在竞争时代中，无论如何追求合作，还是需要遵守竞争法则，还是需要表现出基本的竞争意识。

即便是注重合作的商业领域，竞争者之间有时候也需要保持适当的攻击性。

周伟就是一个这样的人，在很多人眼中，喜欢玩射击的他几乎就是一个好战的人，在多年经商生涯里，他与国外一些大公司斗争过，而一些同行的企业，他同样会挑起争斗。这个充满竞争因子的企业家总是不厌其烦地与对手们周旋，而且很少做出让步。他曾在一天之内连续发布很多条微博来披露自己与竞争对手之间的恩怨，而且每次在对方抨击后就立即回应，可见他是一个有血性的竞争者。有很多人对周伟的风格感到不满，在他们看来周伟似乎过于好战，缺乏人情味，可实际上正因为周伟拥有强烈的竞争意识，拥有良好的竞争态度，才能够有效把握商机，才能够在竞争激烈的生存环境中把握机会。

相比于合作，竞争往往更加纯粹，为了维护自身利益，人们会习惯性地对他人的侵犯做出正常的反应。虽然保持强势是一个非常冒险的举动，这意味着矛盾可能会被激化，但人们如果盲目退缩，就可能会在竞争中失去更大的生存空间。所以那些具有竞争意识的人会这样告诫自己："退缩是一种极其可耻的行为，如果别人动了我的蛋糕，那么我也要想办法从对方那切一块回来。"

有人说这仍旧是一个大鱼吃小鱼的时代，也有人认为现在已经演变成快鱼吃慢鱼的时代，无论是大鱼吃小鱼，还是快鱼吃慢鱼，这里面最核心的一点是"吃"。在充满竞争的环境下，合作很有必要，但在合作之外，也存在很多竞争元素，为了避免在竞争中被淘汰，首先要做的就是保持竞争的欲望，一旦他人的攻击比较过分，就要坚决做出反击。

《圣经》中说："如果有人打了你的左脸，那你就将右脸凑过去。"可是在激烈的竞争和恶劣的生存环境中，人们想要突围出来，想要让自己变得更加与众不同，就必须适当拿出竞争者应有的强势，要给自己的好脾气设置一个底线。妥协、退让、宽大为怀的想法并不一定适合每一个人，人们也不能总是将其当成为人处世的态度，当对手们亮出自己的牙齿和爪子时，自己在必要的时候也应该亮出尖牙和利爪，这种针锋相对的做法既是对对手的尊重，也是对自己的尊重，更是对整个竞争游戏规则的尊重。

许多成功人士都具有这种竞争意识，他们具有很强的取胜欲望，具有刚烈的个性，他们不是挑事的人，但从来不会一味屈从于其他人的压迫，他们知道如何在必要的时候给对手造成打击，知道如何维护自己的权益，知道如何展示自己的魄力和实力。在一些特殊情况下，还需要做到"以牙还牙"，这种强势会让竞争者拥有更强的自信心，掌握更多的话语权和主动权，那么该如何做到"以牙还牙"呢？

——当对手抓住把柄发起攻击的时候，有时候也要主动找出对方身上的缺点和破绽，然后给予沉重的打击。

——对方做的事情比较过分，那么他们做什么，受力的一方就可以对对方做什么；对方造成了什么伤害，就要想办法给予对方相应的回击。

从道义上、道德上来说，人们通常都不喜欢"以牙还牙"，但实际上"以牙还牙"有时候除了展示强硬的姿态外，还表现出了一种博弈与沟通的策略。博弈中有一个囚徒困境，两个共犯被捕入狱后，彼此不能沟通，这时候两个人面临多种选择：双方拒不揭发对方，由于证据不确凿，可能每人只判一年；一方承认，另一方否认，那么承认者将会立即获释，否认者将会坐牢十年；双方互相揭发，由于罪证落实，分别判处八年。

从囚徒困境中可以得出这样一种模型，那就是人们倾向于采取"以牙还牙"的策略：如果对方采取合作的态度（不揭发另一方），那么另一方也会采取合作的态度；如果对方采取了不合作的态度（揭发另一方），那么另一方同样会采取不合作的态度。

心理学家认为，"以牙还牙"的策略明显符合四个原则：善意、报复、宽恕、不羡慕。

善意："以牙还牙"的人一开始采取合作的策略，不会背叛和伤害他人；

报复：当遭到对方的背叛时，"以牙还牙"的人一定会采取攻势；

宽恕：当对方停止背叛，"以牙还牙"的人通常也会原谅对方，并采取继续合作的态度；

不羡慕："以牙还牙"的人致力于保护自己的利益，但是往往不会追求最大的利益，他们更主张全体利益得到保障。

从博弈的角度来看，"以牙还牙"本身就能够起到自我保护的作用，只不过这种方式只适用于那些攻击性强、伤害性强的对手。

在纯粹的生存环境下，弱者有时候也不值得同情

多数人对于达尔文进化论的认识是，进化论揭示了文明的演进：猴子学会走路，学会发明工具和劳动，情感思维获得进化，人与人之间越来越和谐，合作越来越密切。可是进化的本质还在于竞争，这种竞争不仅存在于不同物种之间，在同一物种之间同样存在，人类的祖先在战胜其他物种时，内部淘汰也一直在继续。即便是现在，这种内部淘汰机制依然在起作用，而应对淘汰机制的唯一方式就是让自己变得更强大。

"物竞天择，适者生存"是生存法则的基本定义，只有强者才能够生存下去，而弱者往往会成为牺牲品。在第二章"退一步，未必海阔天空"一节中，提到了攻击者可能会为个人残酷行为进行辩解。神经学专家认为问题出在大脑内部一个名为"杏仁核"的区

域，当这个区域受到电击时，平时温和的机体会变得暴躁；同样的，当该区域的神经活动被抑制住时，原本处于暴躁状态的机体会变得温和。可是在社会群体中，人们的行为会受到彼此所扮演的角色和地位的影响，如果某人的地位高于其他人，那么当他的杏仁核区域受到刺激时，就容易对他人发起攻击；如果某人的地位低于其他人，那么即便他的杏仁核区域受到刺激，也不会轻易对他人发起攻击。可以说，大脑本身就会做出攻击选择，它们能够分辨出强弱，并以此来评估和引导自己的行为，做出最有利于自己的行动。或者可以说当一个人表现得更弱，或者更好说话时，反而更容易遭受攻击。

对于任何人来说，想要不被淘汰，想要让自己拥有更好的生存资源与生存环境，最简单的做法就是督促自己不断变强，不断变得更加优秀。这一点在如今的生存环境中更加明显，尽管文明在进步，但是竞争的法则不太可能因此而做出改变，在日常生活中，无论是哪一个行业，无论是哪一个群体，无论是哪一个组织，无论是哪一个国家，都逃不脱这样的竞争法则。

人们往往会同情那些弱小的人，但在充满竞争的大环境下，那些示弱的人未必会因为他人的同情而获得更多的资源。《圣经·马太福音》第二十章中有这样一句话："凡有的，还要加给他，叫他有余。没有的，连他所有的也要拿过来。"整个社会资源就是向强者倾斜的，因此，富人往往会越来越富，有权的人享有的权利也会越来越多，越是优秀的人越容易获得满足。

纵观人类的发展史，无论哪一个朝代都是精英社会，只有那些最优秀的强者才能掌控最丰富、最优质的资源。尽管人们通过运动、革命或者改革的方式，一遍又一遍地重新洗牌，可是资源最终仍旧被少数人掌控在手里，人们之间的差距会重新被拉大。这个规律几乎延续了几十万年，而之所以会出现这种情况，一个最重要的原因就在于竞争，强者总是会从那些相对弱势的人身上赢得更多的机会。

强者会和强者进行对抗和竞争吗？答案是肯定的，无论是社会精英还是相关的组织，都会存在强强对抗的情况，但是一个不可忽视的事实是，多数竞争仍旧发生在强者和弱者之间，为了规避风险，个人总是会习惯性地选择那些更加弱势的人作为对手。如果更进一步进行分析，就会发现，强者变得越来越强，往往是在弱者变得更弱的基础上实现的。多数人都会选择从比自己更弱的人那里抢夺资源，而不是冒险和那些强大的对手对抗。

许多人都听过这样一个笑话故事：有几个人去森林游玩，结果遇到了一头暴躁的熊，其中一个人准备逃跑，另外一个人苦笑着说："没用的，一个人跑得再快，也快不过这头熊。"逃跑的人回复说："是的，我们之中没有谁可以跑过这头熊，但我用不着跑得比熊快，只需要比你们快就行。"

一个有趣但残忍的现实是，多数人都在遵循这种模式应对自己的生活和工作，他们都在避免成为跑得最慢的那个人，同时通过打压比自己更慢的人来赢得更多的生存空间。而对于那些"跑不快"的人来说，他们必须做出两个改变：第一，自己必须提升速度，争取跑得比别人更快；第二，必须改变"希望别人来帮忙"的想法，因为在涉及生存问题的时候，那些强者都明白一点：过分保持好脾气往往只会拖累自己。

早在幼儿时期，孩子们已经意识到了这些潜在的规则，比如那些经常表现得更加强势也更懂得哭喊吵闹的孩子，往往可以获得大人的关注，可以得到更多的奖赏，而那些紧闭着嘴巴当好孩子的人往往会遭受冷落。从某种意义上说，那些内向的孩子，那些不敢去表达、不敢提出诉求的"乖孩子"更容易变成弱势群体，之后他们在人生道路上可能会逐渐丧失优势，他们的机会往往会被看起来更调皮的孩子抢走。

因此，任何一个人，想要获得更大的生存空间，就需要适当

改变软弱的妥协的个性，经常表现出更为强势的一面，只有这样，他们才能更好地避免在弱肉强食的环境下成为他人成功的垫脚石。

把自己变成勇猛的人

当一个人环视四周时，会本能地观察和在意别人的成就，他人的成就就是这个人的最终标尺。人们的主动比较，往往会衍生出一种竞争性：无论这个人如何勤劳努力，如何发愤图强，无论这个人的行为动机如何高尚，如果他仅仅只是实现自身目标，而未能压过同一层次、同一领域中的人，他就会感到现有的成就并不能给他带来满足感，并且可能会认为这些成功根本不值得感到开心。

在一个充满竞争的环境下，人们通常都需要参照其他人来做一个比较，只有比较，才会产生竞争力，而只有竞争才会带来胜利。一些人之所以会喜欢上竞争，就是因为那些竞争对手让自己心潮澎湃，能让自己的血液沸腾起来，一个好的对手的确会带来更高的成就感，会让人觉得竞争是一项有魅力的活动。

偏爱竞争的人往往对自己有着更高的要求，而他们也会时刻提醒自己应该怎么去做，他们会在竞争中感到快乐，但从本质上说，他们最大的需求是取胜，是免于被其他人淘汰，而为了做到这一点，他们会不断强化自己的实力。

心理学家认为快乐和谐的氛围会导致体内的后叶催产素增加，风险识别能力降低，从而使得人们误认为自己处于一个安全的环境，根本不用对周边环境多加注意，这样他们会错过一些重要的信息和一些信号，并在判断时出错。而只有时刻保持警惕，并且在必要的时候以攻击的姿态进行防御，才会让自己不至于错失机会和被人欺凌。

一些心理学家认为"竞争性的游戏为本能的攻击内驱力提供了一个不寻常的令人满意的出路"。表现出攻击性是否有益？这是一个非常有趣的话题，从整个时代环境来说，答案有时候不言自明。

A先生是S公司的一名项目经理，有一次被派往非洲负责一个新的项目，可是该项目的一个重要客户被另外一家竞争公司抢先进行会面，这家竞争公司开出了非常好的合作条件，包括在三个月内完成施工；允许客户先支付30%的款项，然后其余的款项以低息贷款的方式分期偿还。这两个条件让客户很快怦然心动，双方的合作几乎一蹴而成。

在这个时候，S公司的人都认为A先生此番去非洲肯定会扑空，毕竟在竞争对手如此诱人的条件下，其他公司很难重新掌握竞争优势。可是A先生并没有就此放弃，他认为公司既然准备在此开拓新市场，就要做出最大的努力，即便这些工作很困难，即便竞争压力很大，也要迎难而上。

几天之后，A先生约那个客户见了面，然后一开始就进行摊牌，明确表态公司愿意将工期缩短为两个半月，并愿意在25%首付款的前提下提供无息贷款。这种条件让客户感到震惊，同时也让公司内部一片哗然，大家都觉得这样的条件会让公司非常难做，但A先生认为如果这一次公司不对竞争对手做出强烈的回应，那么下一次将会在其他市场上被对手挤掉，任何一次退缩都可能会造成连锁反应，导致公司陷入被动。在A先生的坚持下，公司最终采取了这个建议，并且将客户成功拉拢过来，更重要的是，竞争对手在非洲失去了一个重要市场，最终失去了继续缠斗的信心。对于任何人而言，只有表现得比其他人更加强硬一些，才能赢得竞争的机会。

在这个充满竞争的时代，决不能做一个优柔寡断、懦弱的人。面对竞争对手，要展示出自己强大的决心和"强硬"态度。在竞争中，不管遇到任何困难和麻烦，都要勇敢出击、果断解决，成为一个勇猛的人。只有你不断地在困难面前进攻，才能克服困难、战胜对手，赢得更多资源。

06

第六章

职场是激烈的竞争之地

职场向来都是竞争非常激烈的地方，充斥着各种利益纠葛，仅
仅通过充当"好人"是难以生存下去的，如果将现实想得太美好，
将人际关系想得太简单，那么最终可能会失去在职场生存的机会。

办公室里的老好人总是会吃亏

在职场中，人们常常会发现某一类人性格比较温和，且乐于助人，几乎有求必应，这一类人往往被称为"职场上的好好先生"，而"好好先生"往往拥有几个特别明显的特点：在任何时候、任何地方，他们总是面带微笑，唯唯诺诺地接受任何人的指令，并乐此不疲；工作没有主见，很少发表个人意见，凡事跟着别人走，凡事都注意迎合对方；做事没有原则，总是因人而动，缺乏稳定的立场；缺乏竞争意识，凡事都力求安稳，不会主动追求更高的目标，或者说根本就没有什么更高的目标；习惯了逆来顺受，不会因为他人的反对和批评而动怒。

从现实环境来看，职场"老好人"的产生有多方面的原因：比如这一类人往往天性善良，不喜欢与人计较，有时候甚至生性胆小懦弱，凡事尽量避免与人发生冲突；这种人往往有很强的迎合性，渴望获得他人的认同，害怕被人排斥，因此无论做什么事情都希望取悦于人，都希望表现得更加得体一些；后天的成长环境和生活模式同样会改变一个人的行为个性，一些人由于从小缺乏上进心，没有太多的压力，他们对自己缺乏了解，也缺乏自信，没有制定一个比较明确的人生规划，也没有比较崇高的理想和远大的目标，所以他们会将目光放在眼前，放在别人的身上，并且很容易受到他人的影响；一些工作环境会迫使他们养成尽忠职守的性格，他们习惯了听从指令，习惯了为他人服务，习惯了听从调遣，并将这一切作为个人工作中最大的责任。

"好好先生"往往是整个职场上比较能吃亏的一批人，但他们是否真的能够适应职场环境，是否能够在职场上获得更多更好的发展机会呢？美国康奈尔大学、圣母大学和加拿大西安大略大学的3位研究人员花费了20年的时间来跟踪调查1万名在职人员，这些接受调查的在职人员来自不同的年龄层，广泛分布于各行各业。在调查的过程中，研究人员先根据"与人相处的难易程度"将所有人划分成不同的组别。以此来验证那些职场中的"好好先生"是否会在内部排名中垫后，以及"是否容易相处"会不会成为影响个人收入的关键因素？

调查的结果显示：那些"难以相处"的人往往挣得更多一些，而那些脾气更好一些的"好好先生"反而挣得比较少。其中难以相处的男士比"极易相处"的男士每年要多挣18%。女职员的情况虽然不那么明显，但是"很难相处"的女士仍旧要比"极易相处"的女士平均每年多挣5%。

　　研究人员在成果论文中指出，造成此类收入差距的一个重要原因可能在于，脾气好的人在薪酬的谈判中一般更容易做出妥协，他们在内部分配中并不会过多地计较，而这会导致他们在内部竞争中吃亏。

　　前些年网络上曾经发布了一则《偷看了所有同事的月工资及年终奖，发现个天大的秘密》的文章，作者声称自己有一次偶然见到所有同事的薪资情况，发现了一个现象："公司里那些脾气不好，还喜欢溜须拍马讨领导喜欢，但技术能力很一般的员工，工资明显高于那些脾气好、比较老实，工作能力较强的员工。超过40岁的高级工程师工资远远低于那些33岁左右身兼小组长的一般工程师的工资。"这个观点很快在网络上引发热议，也引起了很多人的共鸣。

　　其实，不仅仅是工资分配不均衡，其他一些调研人员曾对几百名毕业生进行调查，发现他们在应聘工作的时候，学生脾气越好反而越不容易被选中，这是因为他们没有自己的主张，不会坚持自己的观点，从而无法让人相信。而在那些职员中，脾气最好的职员表面上更受其他人的欢迎，可是获得提拔和成功的机会往往最小；而那些棱角鲜明的，有自己主张的，看上去并不算好脾气的职员反而更容易获得上司的青睐，也更容易赢得内部竞争。此外，好脾气的员工往往放弃主动追求利益的机会，他们对一些不公平的分配行为也会保持缄默的态度。

比如当老板一直选择无视职员的工作和贡献，一直都以各种理由委婉地拒绝给职员加薪或者升职时，职员该如何做出反击呢？继续忍气吞声，还是直接找到老板争取自己的利益？对于那些"老好人"来说，事情再简单不过了，他们往往只需要这样告诫自己："我是一名非常正直且称职的员工，我只要做好自己的事情即可，别人怎样去做出决定，我实在没有办法控制。"

抛开内部的分配和竞争来说，在人际关系的维护方面，尽管拥有一副好脾气会让这些人看上去更受欢迎（至少从表面上来说是这样的），但是对于其他人来说，他们可能会将那些逆来顺受的人当成一个可以随时利用的对象，可以随时施加压力的对象。

好脾气往往会成为一种负担。这些人尽心尽力地完成自己的工作，对于上司的话向来顺从；他们还会帮助同事做各种杂事，花费大量的时间来构筑所谓的人脉（这些关系往往非常脆弱），这些表现会让他人形成一种惯性认识：这些好脾气的人向来逆来顺受，可以接受任何一项不公正的待遇。一旦他们没有办法摆脱或者拒绝那些麻烦，就会有源源不断的麻烦找上门来。当某个人被贴上"好好先生"的标签时，那些竞争者几乎就会嗅到他的味道。

此外，从竞争的角度来看，好脾气的人并不善于与人争抢资源和机会，而争抢恰恰是职场生存的一个基本模式。这种人缺乏主动推销自己的能力，缺乏与人直接竞争的勇气，缺乏做回自己的魄力，更缺乏主动提出诉求的态度。在一个"谁最能哭（叫唤），谁就最能获得满足"的时代，好脾气的人往往会自动闭上嘴巴。

对于好脾气的人来说，他们的缺点几乎和优点一样鲜明，这些缺点会让他们丧失竞争的优势，会让他们在竞争中错失更多的机会。美国著名棒球教练利奥·杜罗奇尔于1939年在描述场上的对手时说了一句著名的话："看看他们，他们都是好好先生，但他们会落在最后，好好先生们，往往排名最后。球场上当然不需要好好先生，有强烈的求胜欲和与人竞争意识的运动员，才能赢得比赛的胜利。"这句话用在各个行业、各个领域都是成立的。

由此可见，那些所谓好脾气的人，并不是职场上的幸运儿，作为职场上的弱势群体，他们恰恰最有可能成为办公室里吃亏最多的人，因为无论是在工资待遇，还是人际关系上，他们可能都不占优势，而且还经常会成为他人利用的工具，而这使得他们在应对生存压力时需要付出更多的努力和代价。

追求并保护自己的根本利益

　　每一个人都要生存和发展，这就需要每个人在考虑集体利益的时候，也要考虑自己的利益，马斯洛提出的各种需求层次中已经明白无误地指明了人类固有的欲望特征，这些欲望就是对自身利益追求的一种体现。

　　如果从生存的角度来说，追求并保护个人根本利益显得至关重要，这些利益可能是短期利益，也可能是长期利益。不同的目标决定了人们应该采取不同的策略，比如在追求短期利益的时候一定要快准狠，而在追求长期利益的时候，可能会适当做出忍让和妥协，但是目的还是确保自己的利益获得保障。

　　很多人认为一些商业合作伙伴之间的让利是一种分享的表现，是利他主义，但从本质上来说，商业中的让利行为是建立在投资的基础上的——让利可能会巩固双方关系，而人们可以借助这种双边关系来盈利。在人际关系中常常也是如此，不能否认利他主义的存在，可是在很多时候，人们所认为的和谐，所认为的利他主义，可能只是自己为谋取长远利益所采取的一种必要方式。而且，一个人也需要在自身利益获得满足后，才有实力和意愿去帮助其他人，才能实施利他主义。

比如在非洲有一种植物在成熟后会释放一种特殊的气味来吸引田鼠吃掉自己的果实，而它们之所以这么做，关键在于繁衍后代。因为田鼠吃掉果实后，会在粪便中排泄出果实中的种子，所以当田鼠出现在什么地方，就有可能将种子排泄到什么地方，而这种植物就可以跟随田鼠到其他地方去生存和繁衍。

在人类社会中，这样的例子不胜枚举，所有这类事情的背后都是一种合作机制在发挥作用，而这种合作机制的本质就是为了帮助自己实现目标。在多数时候，在人际关系中，大多数人不会无缘无故地帮别人做事，人们之所以愿意付出，有时候可能是因为这些付出将会带来很可观的回报。

在多数时候，追求个人利益都是一个优先选择，而在追求个人利益时必然会涉及各种各样的冲突，包括个人与竞争者之间的利益冲突、个人与合作者之间的利益分成，也包括个人与客户之间的结算，这些行为会对个人利益造成损害（哪怕是公平分配也意味着自己少了一部分利益）。但有时候保持坚定的立场，保持对利益的追求是自我保护以及促进自我发展的关键。

　　无论如何，个人想要获得发展，就需要向外界索取，如果将这种索取的行为和欲望放置在职场环境当中，有关个人利益的讨论或许会更具争议。毕竟在职场这种竞争激烈的环境中，不仅仅包含了正常的竞争，也包括了很多非正常的竞争，这些非正常的竞争有时候以合作的方式出现（虚伪的合作），有时候以对抗的形式出现，有时候一些缺少交集的人也会产生竞争，竞争者会偷偷放冷箭。但无论如何，竞争者最好还是遵循规则行事，确保给他人留下一个好印象，可这并不意味着妥协和退让，并不意味着要将利益拱手让人，在必要的时候，还是应该明确自己的立场。

　　那么，该如何在追求个人利益和确保不伤害他人之间保持一个平衡？职场中人常常必须弄清楚几点：第一，自己的行为会产生什么影响；第二，他人的行为将会产生什么影响；第三，如何去规避一些负面的影响。

　　"自己的行为将会产生什么影响"，这是生存当中会遭遇到的一个基本问题，也是人们需要思考的一个问题。一个人在追求个人利益的时候，往往会对他人和自己产生一定程度的影响，这些影响会迫使人们去慎重思考自己应该采取什么样的行为方式去应对。比如，通常人们会觉得自己如果追求个人利益就可能会对他人的利益造成损害，或者对自身形象造成伤害（会让人们觉得他很自私），那么他们可能会选择放弃追逐自己的利益，或者至少不那么明目张胆地逐利。

"他人的行为将会产生什么影响"，是指人们对他人言行的一种评估，并通过评估来思考自己下一步应该如何做出应对。如果他人的行为对自己有利或者没有什么伤害，那么从一开始，他们就会认同这种行为。如果他人的行为影响和伤害到了自己的利益，那么人们将会考虑是否要做出回应，以及如何做出回应的问题。无论是认同还是反对，都需要考虑自己的利益。

"如何去规避一些负面的影响"，是说个人对于外在压力的一种回应，当个人的行为产生负面影响，或者他人的行为对自己造成了压力，人们都会迫不及待地想要改变现状。比如，有的人担心自己受到他人的侵犯，这时候为了维护自身利益，他会提出抗议。可是也有人在面对他人的侵犯时，不希望将关系闹得太僵，而适当做出妥协，但是同样会给对方亮出自己的底线。

一个人勇于追求个人利益，往往可以形成自我保护，而那些"好好先生"或者纯粹的利他主义者，有可能会因为过分善良而在别人挖的坑里越陷越深。所以对于职场中人来说，既要勇敢追求自己的利益，同时也要懂得进行观察、分析和衡量，看看这样做对自己是否有帮助，是否能够给自己带来短期或者长期的利益。如果不经过分析，就贸然帮助别人，就充当利他主义泛滥的好人角色，那么就可能会被他人利用。当然，个人在追求利益的时候不能以损害集体利益为代价，必须坚持以集体利益为先的原则，必须懂得尊重别人的合法利益，这是一个最基本的前提。

轻易满足是进步最大的敌人

无论生活在哪个国家，从事哪一个行业，或者处在哪一个阶层，人们都有自己的工作要面对，而在不同的行业和阶层中，往往可以见到人性的一些特点，而这些特点的形成往往受制于阶层的环境，在这里可以将其称为阶层之墙，它常常会阻碍和限制人们去追求行业范围、能力范围之外的事情。

俗话说："人往高处走，水往低处流。"每个人都使劲向上攀爬，但人性中的安逸念头又会使人们不断地适应环境，削弱冒险的愿望。"我已经获得够多的东西了""我已经获得了满足""我现在的生活非常不错了""我不想在平稳的环境中过度冒险，再起波澜"——阶层之墙就是在这样的情况下控制多数人的思想和行为。

当一个人获得一定的满足之后，阶层之墙就会产生效应，慢慢阻断他的视野，消磨他的意志，此时人们会不断给自己发送"做人应当知足"的信号，不仅如此他还会将这种思想理念传递给身边的人。这个时候，他们已经习惯了自己的固定工作、身边的固定环境、有迹可循的生活习性、逐渐封闭的人脉圈子，开始害怕冒险。

当他人要求占有更多的利益时，他们会欣然接受，并觉得"我有这么多收益也已经足够了"；当他人要求掌握控制权的时候，他们会觉得自己没有必要贪图权势；当他人希望他们转让机会时，他们会觉得少一次机会也没什么。尽管这些人往往拥有很好的脾气，总是表现得与世无争，处处让人一步，没有太大的野心，也不会对他人的利益造成威胁，可是冒险精神的不足、欲望的寡淡，会使他们变得更加软弱，并最终丧失基本的抵抗力。

就好比一个员工在工作中的追求如果只是时薪20元，并且长期对这个标准感到满意，那么可能会出现两种情况：第一种是，他每小时所创造的价值永远也只会比20元高一点，这样的工作能力和价值是老板难以满意的，因此他很快就会被辞退；第二种是，他只追求时薪20元，而老板却不断要求他做得更多更好，从而达到长期剥削的目的。无论是哪一种情况，习惯于满足的人最终都会自缚手脚。

需要记住的是，这个社会始终不断变化，内部的分配游戏也始终都在继续，一个人如果抑制了自己的欲望，也就等于提前退出了竞争，这个时候他将会在整个分配游戏中逐渐被边缘化，而自身获得的财富、权利以及其他资源将会在不断重新分配中渐渐被剥夺。

相反地，只有那些渴望获得更多的人，只有那些渴望继续冒险的人，才能够适应新的环境，才能迎合时代的发展，因为他们拥有强烈的自我成就、自我实现的意识，这会推动他们不断前进。

拥有成就意识的人常常表现得野心勃勃，总是想着有所作为，想着取得更大的成就，这种成就意识很强的人不会轻易接受目前的分配机制，不会轻易满足现有的一切，而是一直想办法获得更多，或者渴望有更大的建树。在他们眼里，每一天似乎都从零开始，只要一天结束，他们就必须获得某种有形的成果，这样他们才能感到满足。在野心和欲望的推动下，他们会变得更加贪婪，会变得更加强势，会每天都处在高速爬坡的状态。他们不满足于自己现有的目标或者他人给自己设定的规划，不满足于自己已经获得的东西，或者别人给予的东西，他们就像贪婪的饕餮一样，胃口十足。

有追求的人总是希望自己能够在别人的眼中与众不同，希望获得真正意义上的"认可"，他们非常期待自己的意见和观点能够受到重视，所以有时候会表现得更加强硬一些，更加自我一些。他们更乐于推动自己向前，并将自己的工作当成一种生活方式而不仅仅是一种职业。他们不习惯于听从他人的指示，不习惯于受人摆布，在他们的个人计划中写满了"我的目标""我的想法""我的执行计划"。

尽管为了达到让自己不断提升的目的，他们的一些过于强势的竞争和进取的行为会对周围的人造成压力——他们也并不会轻易收

手，但适当的贪婪是有好处的，毕竟整个社会的发展就是由人类的
欲望来推动的，有时候表现得自信和勇猛一些，会给自己创造出更
好的生存空间和发展机会。因此每个人都应该有一个属于自己的成
就目标，对于成就的热衷追求会让人变得更具上进心，也更容易让
人适应日益变化的环境。

不要为他人的错误埋单

　　李是一家公司的职员，脾气温和，总是保留着腼腆的笑容，不过这种微笑并没有给他带来好运，每一次，他都是被老板骂得最惨的那一个，尽管他的工作比有些人要好得多，但是相比于其他人，老板似乎更愿意拿他当出气筒。有一次，因为团队内部出现了一个小问题，老板直接劈头盖脸将他骂了一顿，还对他做出了一个具有侮辱性的手势，这显然已经涉及人格侮辱了，对于任何一个正常人来说，都是不能容忍的。也许他应该摔门而去，或者将一大堆资料狠狠摔在老板的办公桌上，大声说："我受够了！你这个白痴。"但是同以往一样，他什么也没做，就像一个受委屈的孩子一样。

　　朋友们都觉得他人品还不错，但仅此而已，事实上他的人际关系并不怎么好，只有有限的那么几个谈得来的朋友。多数人则认为他是一个懦夫，每当出现纰漏的时候，大家都会将所有责任推到他身上。

在职场中，总会遇到这样一些人，我们可以称之为倒霉的李或者其他什么人，他们可能高大威武，也可能瘦弱不堪，可能能力出众，也可能只是一些很普通的职员。但他们有一个共同的特点，那就是他们是典型的背锅侠。在团队中，他们的地位最低，受的气也最多，每次团队内部追责，大部分责任都会跑到他们身上。

有人将这种情形比作"职场霸凌"，通常来说，新人更容易成为大家欺负的对象，不过这通常和个人的性格、心态、脾气有关，有一些人天生就是老好人，或者天生就害怕麻烦上身，因此总是对外来的一切压力保持逆来顺受的态度，久而久之，别人就会习惯性地将压力和责任推到他们身上。

一家公司由于最近一个季度的销售业绩下降了19%，老板召开季度会议，希望各部门可以找出原因并给出一个解决问题的方案。会议一开始，市场部的负责人认为公司的销售策略和方法没有太大问题，问题可能在于研发的产品缺乏新意，因此很难在市场上占据竞争优势。

研发部的经理听了这番话有些不乐意，立即站起来辩解：“第一，我们的研发能力没有任何问题；第二，我们都是根据市场部提供的最新信息来研发产品的；第三，研发部最近一段时间的预算很少，向财务部申请的研发经费迟迟没有到位，这无疑也影响了研发的进度。”

财务部的负责人看到研发部将火引到自己身上，也有些坐不住了，于是有些生气地说：“公司的资金并不充裕，如果大家都来要，那么公司恐怕早就解体了，要我说，后勤部的那些人要做的事并不多，可拨款却一分都不少，这肯定不合适，得让那些闲人省些开支。”

后勤部的人其实并不多，平时的开销也是最少的，可是该部门的负责人平时说话就没有分量，也不敢得罪各部门的经理，于是坐在那里默不吭声，老板怒火中烧，将后勤部的负责人训斥了一顿，认为该负责人没有做好管理，导致公司资金出现严重浪费。接下来老板拍板说：“从下个月起，后勤部的拨款减少35%，内部裁员20%。”

这种击鼓传花的游戏，在职场里非常常见，人们并不在乎事情出差错，并不在乎内部追责，只要责任最终不是落到自己这里就可以。在这种游戏中，那些没有实力且没有脾气的人往往会成为最后的背锅侠，承担并不属于自己的责任。如果做一个大致的统计，那么就会发现多数企业中可能都存在这样的现象，总有一些人会被同事、老板拉出来垫背，而那些背锅的职员由于害怕得罪人，或者害怕失去工作，往往会选择承担责任。有个老板在工作中出了纰漏，他认为责任在于秘书没有提醒自己；有个职员工作不顺，却归因于同事敲击键盘的声音太大，这样的理由往往非常荒谬，但是常常会有倒霉的老实人为此遭受训斥。

虽然许多公司一再宣称要做到权责明晰，但是在具体实施的过程中，总有人会为他人的错误埋单，一些人也许会认为只要自己息事宁人，忍一忍就会过去，可是这样做并没有让他们赢得他人的好感，他们也并没有因此而获得更多发展的机会，反而会让自己的角色越来越尴尬。此外，这样做不仅会导致问题无法从根本上解决（毕竟追责的方向和对象都弄错了），还会助长内部霸凌。所以，于公于私，为他人无故背锅的"好心人"都应该站出来说"不"。

——好员工应当有责任感，要勇于承担相关责任，但是自己没有做过的事，最好不要承认，以免惹祸上身。

——为了逃避责任，许多人会选择转嫁责任，将错误转移到别人身上，面对他人的栽赃，千万不要忍气吞声，而应该果断进行回击，拆穿对方的谎言。

——有些人在犯错后，害怕受到惩罚，或者担心形象受损，会请求他人帮忙承认错误，对于习惯当"好好先生"的人来说，面对这些无理的请求，应该予以拒绝。

总而言之，职场里很多地方充斥着利益争夺，任何人想要更好地生存下去，都要摆脱逆来顺受的态度，在涉及自身利益和生存安全的时候，必须展示出强势的一面，这才是最好的自我展示方式和最佳的自我保护方式。

不妨让自己成为一个有态度的人

一家研究机构曾做过一个有趣的调查，研究人员对150位来自各个公司的职员进行观察，了解他们进入职场后的工作习惯。研究人员将新职员分成了两类：第一类是那些胆小怕事、有求必应的职员；第二类是不肯轻易就范，坚持自己主张的职员。第一类职员占了85%，他们做事非常勤快，愿意帮老员工做各种各样的事情，结果5年之后，他们中有多数人多次跳槽和离职，而且被同事呼来唤去。第二类职员人数不多，他们脾气不太好，从一开始就带着很强的戒备心，不会轻易答应帮老员工做那些原则上不被允许的事，更不会做那些对自己不利的事情。他们一开始遭受了老员工不少打压，可是5年之后，有很大一部分人都获得了提拔，甚至成为了公司内部的骨干分子。

研究人员发现，在职场中，许多老员工拥有敏锐的嗅觉，只要接触一两次就会知道对方的性格，就知道谁可以欺负，谁是那些硬骨头。这就使得人们需要警惕自己的一言一行，尤其是对那些新人来说，初入职场就是一堂考验课，他们所留下的第一印象至关重要，直接关乎以后的生活、工作以及人际关系。但面对这样复杂多变的工作环境，多数人可能都会这样去想：

"我是一个新人，我应该保持低调和谦卑。"

"职场里的事，谁也说不清楚，如果不想自找麻烦的话，别人让我做什么就该去做什么。"

"我没权没势，说话也没有分量，所以最好的方式就是逆来顺受。"

"现在不同于家里，也不同于学校，在社会上，我目前什么也不是，所以是时候收敛一下自己的脾气了。"

而身边的亲朋好友，有时候也会给他们一些诸如"保持低调""忍气吞声""磨平棱角""随波逐流""压制坏脾气"之类的忠告，目的就是不希望职员在公司里闯祸。在这些人看来，表现得太过强硬、高调或者不配合，往往会让人觉得不舒服，容易遭到同事的打压。可他们都没有想过一点，职场本身就是一个充满竞争的地方，一开始就完全卸下防备的人，也许最容易受伤。

相比之下，那些表现出坚定态度的人从一开始就展示了这样一种决心："你们不要觉得我很好欺负，觉得我只懂得妥协。"尽管这种表现有时候会让人觉得不那么友善，会让人觉得有些"无法融入群体"，可是对于一个进入陌生环境的人来说，适当表明自己的立场和态度往往很有必要，这样做不仅更能保护好自己免受侵犯，而且能够更好地适应职场环境。

百事首席执行官英德拉·诺伊曾经提到了一件事，苹果公司的创始人乔布斯在她接任首席执行官的职务时，提供了一个有趣的建议："有时候，得到你想要的东西的最好方式就是发脾气。"乔布斯所说的发脾气一方面是对下属发脾气，另一方面则是针对股东发脾气，但这种发脾气显然不是无理取闹，显然不是没理由地冲别人发火，而是在占有道理且拥有能力的前提下，表明自己鲜明的态度，这是一种威慑的手段，也是一种自我保护的措施，以确保身边的人不会轻视自己。

——表明态度并不意味着主动挑事，它的最终目的是寻求自保，使自己避免受到一些无礼的侵犯，他们不会主动去挑战其他同事的权威；

——有态度并不意味着将自己和其他人对立起来，也不是明确地划分界限，只不过是不想让自己卷入不必要的麻烦之中；

——有态度并不意味着高调和目中无人，而是一种最基本的自尊，这种自尊并不会对其他人造成实质性的侮辱和伤害；

——有态度并不意味着不通人情，在一些小事情上，可以做出妥协和让步，但是在涉及自身尊严和核心利益的问题上，不做出丝毫让步；

　　简单来说，表现个人的态度是一种略带防备性的生存策略，这种策略无论是对总裁、执行官，还是对普通职员，都是一样的。尽管这类人有时候会让人觉得浑身带刺，他们在人际关系上可能会和其他人产生一些摩擦，但是却不会因此而遭受他人恶意的打压和利用。适当带点态度，完全可以作为一种防身的利器。

　　有人曾将职场中的人分为两类，一类是草莓族，另一类是榴梿族。草莓族的人性情温和，基本上有求必应，他们有时候也告诫自己不要表现得太过顺从，可是每次当别人开口的时候，总是不懂得如何委婉地提出拒绝。而榴梿族的人会非常直接地告诉其他人"我现在很忙""这件事，我也无能为力"，他们更加专注于做自己的事，对于不属于自己的事情并不那么热心，对于他人习惯性的依赖行为和利用更是直接提出拒绝。

　　草莓族的人在事关自身福利的事情上也容易提出让步，比如当公司无缘无故提出削减福利时，他们可能会表态尊重公司的决定，尽管这个决定让他们很受伤，可是他们并不会因此而提出抗议，最多只是私下向朋友们抱怨和诉苦。毕竟在他们看来，任何冒险的举动都可能会导致不良后果。榴梿族的人则更希望担当责任，无论是为了维护自身利益还是其他员工的利益，他们会站出来指责公司，会直言不讳地表达自己的不满。

　　在谈判桌上，草莓族和榴梿族的表现也同样有很大区别，当客户提出降价要求时，草莓族对于对方的强硬表现会表现出妥协，他们可能会说"我回去和老板商量一下",这句话一说出口,在气势上就已经输了一截。而榴梿族会强硬地表态:"对不起,这是公司的硬性规定,也是我们的最低标准了。"他们不会轻易改变自己的立场和原则,因此能够牢牢掌握谈判的主动权。

草莓族的整体表现是温和的,而榴梿族则刚好是带刺的。榴梿族不会轻易去得罪人,对其他人来说是无害的存在,但是他们比那些好脾气的人更加懂得如何自保,在应对外在的威胁和压力时,他们会表现得更加警惕。从生存的角度来看,成为榴梿无疑要比变成草莓更加具备优势。

提升个人能力，让自己更有威严

　　一些人发脾气常常会被认为是无理取闹，或者是没修养的表现，而有的人发脾气之所以更容易引起别人的重视，也更容易令人信服，就是因为他们的质疑、否定和批评比其他人具有权威性，尽管这些表达方式同样会让人产生压迫感，但是权威和单纯的乱发脾气完全不同。权威更多时候是从能力上给予他人一些压迫感，而不是源于纯粹的地位优势、权力优势。权威性很强的人往往不怒自威，让人觉得不那么亲切，让人觉得没有什么好脾气，但实际上却可以有效影响他人。

　　一个高级工程师针对某个研发项目提出各种意见，是因为他是研发领域的权威，他对产品如何设计、技术如何提升有最大的话语权，对于一些不合理的设计方案，他有足够的权力给予否定；一个项目经理在大会上发火，是因为他拥有项目管理和项目经营的经验，对于这一方面的工作，他的话就是权威，这种权威往往会有效隔绝那些反对的声音。一个不可忽视的现实是：在生活中，那些能力强的人往往更有资本去说出自己的想法，他们所强调的事情往往更容易引起他人的关注。

从某种意义上来说，人们最好利用更高的能力作为自己正常表达的保障，这并不是说能力平平的人没有资格表达，甚至发脾气（发脾气是每一个人的权利，也是一个人正常的情绪表达），但出色的个人能力会让人们所说的话更有可信度，受众对象对于这些话的认可度也会高一些。

美国《石英》杂志发表了一篇文章《几十年来硅谷将史蒂夫·乔布斯奉为偶像——并最终为此付出了代价》，在文中，这家杂志抨击了《乔布斯传》的作者沃尔特·艾萨克森，认为他的书是"给那些为自己坏脾气寻找通行证的老板们的手册"。

实际上，这篇文章的评价有失偏颇，但是文章也指出了一个现象：艾萨克森对于乔布斯的神话描述造就了一批拙劣的模仿者，很多创业者和职场人士都开始模仿乔布斯的脾气，都主张像他一样高高在上，可是这些人大都缺乏天赋、能力平庸，毫无任何魅力可言，为人处事更是一塌糊涂。

所以，真正的问题并不在沃尔特·艾萨克森身上，更不在乔布斯身上，而在于那些拙劣的模仿者。那些模仿者们并没有想过一个问题：自己是不是和乔布斯一样出色？是不是和乔布斯一样天赋异禀？可以说，乔布斯即便不发脾气，也会让人觉得强势，也会轻易影响到其他人，而这一切都是建立在强大的个人能力基础上的，他本人就是整个苹果公司最大的权威，甚至是整个手机行业的权威。他总能够站在更高的角度看待问题，能够想到别人没有想到的事情，还经常提出更多更高的要求。

很难想象，一个能力平平的人总是对其他人指手画脚，一个什么也不会的人却到处指责别人的工作，会产生什么效果。那些本身就很平庸的人，如果刻意去模仿那些伟大的人，就可能会让自己陷入一个尴尬的境地。最简单的例子莫过于谈判，当公司决定削减年终奖时，一个能力很平庸的员工和一名公司精英同时提出抗议，谁的说服力会更强一些呢？或者说老板会倾听谁的抗议呢？当要求老板给自己加工资时，那些能力强的员工和能力比较弱的员工，谁会表现得更加从容一些呢？

一个人如果对公司没有任何贡献，如果不具备太大的能力和价值，那么他在公司内部的话语权会很少，甚至失去相应的话语权，这个时候他即便是发脾气也可能不会产生多大的价值（这里需要注意的是，发脾气的最终目的并不是释放情绪，而是加强沟通，是向对方传递自己的不满，以及期望对方做出调整），而且他的情绪化表达可能产生的负面影响往往也更大。

有能力的人往往有更多的资本与他人讨价还价，有更多的权威来展示强硬的立场，而对于平常人来说，他们缺乏这种底气，尽管目的是维护个人的正当权益，是强调和保护自己的立场，可那些想法和情绪在其他人看来可能不值一提。从结果来看，能力的高低往往决定了说话的效果，毕竟能力越强，沟通过程中的影响力也就越大。如果没有强大的个人能力做后盾，一旦脾气发作，那么很有可能会给其他人带来"能力不大，脾气不小"的负面形象。

　　有个员工在公司里待了两年，可是工资却没有任何增加，而其他一起进来的同事几乎全都获得了加薪升职的机会，为此他准备到老板的办公室里申请加薪，朋友拦住了他，苦口婆心地劝说他过一年再看看。这个人最终听从朋友的劝告，在公司里多待了一年。某一天朋友对他说："你现在去老板那里申请增加工资吧，如果对方不同意，你就准备提交辞呈。"这个员工非常好奇："为什么你当初不让我直接去申请，如今却让我以辞职作为要挟去要求加薪呢？"朋友回答说："因为你当初还没做出成绩，不能拿出足够的筹码去谈条件，贸然申请可能会失去这份工作。如今你的能力有了很大提升，而且也逐渐受到器重，此时去要求加薪就会更具说服力。"这个员工听了朋友的话，决定去找老板谈一谈，结果老板非常爽快地答应了他的要求。

　　无论在什么行业，无论在什么场合，一个人最终还是要靠实力说话，因此对于那些想要提升个人权威和影响力的人来说，有时候强化自身的能力，反而可以避免被人左右，可以有效提升个人的魅力值。

07

第七章

不做老好人，才会赢得博弈

博弈无处不在，无论是柴米油盐的生活琐事，还是一些大战略、大规划，都离不开博弈，从某种程度上说，人与人之间的交流往往都可以归结为博弈的关系。而在博弈中，要避免因为好脾气而吃亏。

聪明也是成功的一种特质

人们经常会自哀自叹："我这么努力，为何赚不到钱？我付出了这么多，为何成不了一个成功人士？"一个残酷的事实是，财富、权力永远集中在少数精英手中，多数人都只能沦为平庸。

几乎人人都拥有追求美好生活的愿望，人们促使自己不断努力工作和创造财富，并且以此来改善自己的生活，这是社会财富不断流动的原始动力。在这个过程中，只有最具竞争力的人才能够赢得这场资源争夺战。这种竞争力不仅仅体现在个人的硬件实力上，还体现在智力比拼上，许多成功人士并不是一开始就坐拥千万财富，并不是一开始就获得了大量贵人的扶持，拥有优质的人脉圈，更多时候，他们依靠出色的大脑，依靠着自己的聪明才智去一点点把握机会。

聪明的人往往能够协调好集体利益和个人利益，无论做什么事，他们在保障集体利益和他人利益的同时，都会严谨地将所有的事情核算一遍，以确保自己的利益不会受到丝毫损害，同时为自己争取更多应得的利益。

相比于所谓的老好人的老实做派，聪明的人表现得更加聪明一些无疑可以提升生存的概率，毕竟在激烈的竞争环境中，如果不能聪明地做出计划，不能聪明地设定好自己的生活模式、社交模式、工作模式，那么可能最终吃亏的只有自己。

多数人可能会戴上有色眼镜来看待"聪明"，觉得一个人太聪明会让人觉得不可靠，会让人觉得他会耍心机，但它或许是人类与生俱来的一种特质。这种聪明人的特性足以确保人们对他人的一些不合理侵犯自己利益的行为产生排斥，而不是一味地采取包容姿态。

> 廖先生是一个非常讲义气的人，他早年就和朋友一起办企业，生意越来越好。不过，这个朋友非常贪财，做事的时候总喜欢偷懒，而且经常在私底下多拿走一些分红，做生意是两个人的事，双方都出过不少力，朋友的做法显然违背了合作原则。为了不影响双方的感情，廖先生对于朋友的做法并没有多说什么，他知道这个朋友的家庭负担比较重，比自己更需要钱，所以他一直都选择宽容对方的自私行为。

　　一年之后，廖先生发现朋友"贪"走的分红越来越多，这让廖先生感到有些为难和不安，毕竟每个人做生意都是为了挣钱，他不可能对朋友的贪婪始终保持宽容之心，否则双方以后的合作就会陷入僵局。不过，廖先生并没有气愤地找到朋友理论，而是想了一个办法：他以确保公司健康运营为由，聘用了一个负责任的会计，会计会将每一笔收入和支出进行详细记录，这样一来，廖先生和朋友每从公司支走一笔钱都会留下记录。不仅如此，每一个人从公司支走的钱不能超过他当月工资（不包括奖金）的一半。如果确有急事，需要预支一大笔钱，需要和公司的几位主要负责人商量。这样一来，朋友每个月从公司取走的钱就受到了极大的限制，而且每一笔钱都有了详细的记录，因此年底分红的时候自然一目了然。

　　其实，生活中也有很多类似的人，他们更加懂得如何去把握自己的机会，相比于其他人，他们更善于掌握生活的主动权。比如生活中常常可以看到一些比较聪明的家庭主妇，她们对于家庭生活的计划和管理井井有条，任何一分钱都不会乱花，因此整个家庭的资金流动和使用情况都比较合理。而那些脾气很好、为人过于老实的家庭主妇，由于不懂得讨价还价，也没有出色的理财意识和管理技巧，家庭财务往往更容易出现问题。

　　人们通常会批评那些聪明的人斤斤计较，但聪明往往是成功者所具备的一个重要特质，如果没有这种"斤斤计较"，没有主动计较的愿望，那么将会失去更多的机会。那些擅长分析和讨价还价的人会在做事之前进行精确谋划，这就使得他们更加擅长对身边的资源进行整合，也更加具有创造力，而老实人通常只会被动接受外在的分配，这会让他们丧失进取心。

　　许多人都认为人应该懂得示弱，应该懂得装傻，但傻其实恰恰是最大的聪明，那些主动示弱、主动吃亏的人，往往有着更合理的规划，有着更长远的思考，他们的付出和退让往往是一种投资。

　　心理学家认为，人类的一切行为动机都根源于两种情感，一种是快乐，另一种是痛苦。快乐的产生在于有所收获，痛苦的出现则在于失去以及无所得。如果将一切归结为是否能够获得，那么人们在选择做什么以及怎么做的时候，就会思考和揣度怎样才能做到效益最大化，或者说怎样才能体验到最大的快乐。而聪明的人善于进行类似的思考，也更加懂得如何寻求最大收益和最大快乐。

利用好规则，弱者也可以掌握主动权

科学家曾经做过一个实验：他们在猪圈里放进一头小猪和一头大猪，并且在猪圈的一端设置一个猪食槽，另一端则安装一个按钮，猪在按钮上每踩一下，猪食槽边上的投食口就会落下食物，而且每次踩到按钮，就会有10个单位的食物落下来，不过踩按钮的猪将会付出2个单位的食物作为代价。

如果大猪去踩按钮，让小猪率先开吃，那么大小猪吃掉的分量会变成6∶4，这个时候大猪付出了2个单位的食物作为成本，因此纯收益为4个单位的食物，而小猪的纯收益同样为4个单位的食物；如果小猪踩按钮，让大猪先吃，那么双方的食量将会变成9∶1，此时，小猪吃到的食物还比不上付出的食物，属于亏本状态；如果双方一起行动，即大猪小猪一起踩按钮，一起吃食物，那么双方的食量比就是7∶3，此时，扣除2个单位的食物，大小猪的纯收益分别是5个单位的食物和1个单位的食物。

通过对以上几种情况进行分析，大猪和小猪之间实际上存在明显的竞争关系，而这种竞争是典型的博弈。其中小猪总体上处于弱势地位，但它会选择怎么做呢？是选择"做好事"，尽心竭力地为大猪踩按钮，还是选择其他策略呢？

从利益最大化的角度来说，小猪最好的选择就是站在猪食槽旁边充当一个看客，或许这么做有点耍无赖的意思，但对小猪来说，这就是最佳的生存模式，因为自己不踩按钮时的收益为最高的4（大猪如果也不踩，小猪的收益为0），而踩了按钮之后，收益可能为1或者-1。反观大猪，不管是谁踩按钮，它的纯收益都比较高，分别是4、5、9，而一旦小猪选择不踩，自己再不踩的话，收益就会变成0。

通过对比就会发现，小猪选择不踩会是最合理的选择，而大猪会迫于巨大的收益诱惑而选择踩按钮。这就是有名的"智猪博弈"，在这种游戏规则中，小猪虽然处于弱势，但是却占据了更大的心理优势，在这场食物争夺战中，它完全可以耍赖，可以放弃"做好事"的态度，而大猪对此毫无办法。

这种"搭顺风车"的策略在生活中比较常见，比如甲乙两个人都准备对付丙，他们都期望占有丙的资源，但与此同时竞争也会让他们付出相应的代价。这时候，两个人都面临着三种不同的选择：如果甲乙同时发起进攻，那么甲作为实力较大的一方，将会赢得抢夺到的资源；如果甲率先发起进攻，而乙作为后援部队，那么甲的实力会受到损害，而乙会乘虚而入，不费吹灰之力就占据更多的资源；如果乙率先发起进攻，那么可能会在拉锯战中消耗大量能量，而甲作为后援部队会实现利益的最大化。

实际上，甲相比于乙来说，更加觊觎丙的资源，也更需要借助那些资源来提升自己的实力。面对这种情况，乙就可以采取"智猪博弈"的方式，坚持担任后援部队的角色，从而确保自身利益得到更大的保障。虽然乙的做法有些不近人情，有"奸诈狡猾"的嫌疑，但是相比于做好人，相比于"为他人作嫁衣裳"，适当使用一些聪明的博弈策略往往有助于保障自身的利益。

许多人会从"道德"的角度来评判乙的行为，认为乙不够厚道，但若是以"厚道"来定义生存策略，那么恐怕多数厚道的人都会遭遇挫折。易地而处，甲或许也会毫不犹豫地做出同样的选择。在现实生活中，许多弱势群体习惯了充当"老好人""老实人"的角色，他们习惯了按照别人的游戏规则行动，习惯了为他人做出牺牲，这会让他们进一步丧失主动权。

事实上，每个人都要做出最合理的决策，适当让自己变得聪明一些也无可厚非。这种聪明首先就体现在对规则的精准把握，一个聪明的人并不一定要想着如何使诈，也不是想着如何运用各种不道德的手段逼他人就范，有时候吃透并利用好规则，才是最好的方式。

对于这些规则的利用，只要不违背法律，只要不会对社会造成不良影响，那么就没有必要产生什么顾虑，如果背负着"老实人""老好人"的包袱，那么最终吃亏的还是自己，因为当别人利用规则时，也会同样将立足点放在维护自身利益的基础上。

在多数情况下，规则都是由强者来制定的，对于弱者来说，抓住有限的一些规则为自己谋取利益也无可厚非。这是弱者的一种取胜之道，也是将弱势转化为竞争优势的一种策略。而对于规则的利用必须掌握一些技巧和原则：

首先，要抓住自己的利益点，这是最关键也最基本的一条原则。在一个游戏规则中，人们往往存在多种选择，而不同的选择往往决定了收益的大小，在智猪博弈中，小猪可以选择踩按钮，也可以选择什么也不做，只有做出最正确的选择才能确保小猪获得最大化的利益。

其次，要改变陈旧的"老好人"观念。不要总是觉得只有自己当随便被人拿捏的所谓的"好人"，别人才会尊重自己，才会给予自己更多的好处，有时候要聪明一些，要主动利用好规则为自己谋取利益。

最后，要适当保持平衡。这里的平衡是指对规则利用的度，在智猪博弈中，小猪虽然掌握了主动权，可是如果它过度透支规则带来的便利和优势，那么可能会引发大猪的不满，最后大猪可能也会选择什么也不做，这就导致双输的局面——双方都无法获得任何食物。

对于任何人来说，找到对自己有利的规则，然后把握好分寸，按照规则做事，才是保障自身利益的最佳方法。

限制信息，不要什么都说给别人听

　　张先生希望好朋友李先生可以在周末早上5点开车送他去机场，张先生可以直接提出这个请求："你可以在周末早上5点送我去机场吗？我知道这有点早，还是大冷天，但没有办法，那个时候出租车也很少去机场。"

　　李先生或许会答应，但是或许也会直接找个理由拒绝："真是不好意思，我周六需要去岳母家，估计周末晚上才能回家，因此没有时间去机场，要不，你还是找找其他人吧！"

　　为了避免李先生提出类似的拒绝，张先生从一开始就要改变策略，他完全可以这么去说：

　　"老朋友，你周末有什么安排吗？"

　　"没有啊，我这样的闲人还能有什么安排。"

"那天你能不能送我去机场，我有点事要出差。"

"好啊，反正我也没事，你的飞机是几点的。"

"早上8点。"

"8点是有点早了，好吧，7:00准时把你送过去。"

"哦，不是，我希望早上5点就去机场。"

"5点，这也太早了吧？"

"事情是这样的，我手上还有一份文件，我需要当面交给一个领导，他是早上6：10的飞机，我希望在停止办理登机牌之前将文件交给他；而我家到机场还有半个小时车程。"

"是这样啊，那……那……那么好吧，我早点去接你。"

从这两段谈话中，可以看出一些区别，在第一段谈话中，双方的交流非常明确，张先生直接提出请求，且将相关信息告知对方，李先生这时可以依据这些完整的信息做出判断，从而有很大可能会直接拒绝张先生，因为对他来说，早上5点去机场是一件非常折磨人的事情。可以说，张先生的坦诚相告可能会降低自己说服李先生帮忙的概率。

而在第二段谈话中，张先生采取了一个策略，那就是适当封闭自己的信息，通过信息限制来干扰对方的判断。首先在谈话开始的时候，张先生没有直接提出自己的请求，而是先巧妙地咨询李先生周末有没有空，等到对方回应说"有空"的时候，再提出自己的请求，但是在这份请求中，张先生并不急于说明准确的出门时间，而是提了飞机起飞的时间——8点，等到赢得对方的认可后，再说明自己5点就得前往机场以及提前出发的理由，这个时候已经做出承诺的李先生基本上不太可能反悔。在整个谈话中，张先生说的每一句话都刻意隐藏了其中一些内容，这样就会影响李先生的判断，然后诱导对方做出承诺，直到最后他才说出关键的信息。而此时，李先生已经不会轻易改变自己的承诺了。

这是操纵他人思维和行动的一个惯用方式，或者说是博弈的一个基本手段，因为博弈是一种既定的信息结构下的分析方法，博弈的效果往往受制于两点：非理性和信息的不对称性。一个人如果缺乏理性思维，或者认知能力不强，那么就无法采取最有效的博弈方式为自己盈利。同样的，一个人如果掌握的信息少于他人，那么他在与他人博弈的过程中也就更容易出现判断上的失误。

很多脾气好的老好人，在生活中就是扮演了李先生的角色，总是被他人牵着鼻子走，这是因为他们不会保护好自己的信息，比如当张先生问你，你周末有什么安排的时候，你既不要说有时间，也不要说没时间，而是先问，你有什么事情。这样就避免了被生活中的"张先生"利用。

信息不对称是影响博弈结果的重要因素，所谓信息不对称指的就是博弈双方对于信息的掌握程度不同，掌握更多信息的人往往处于博弈的优势地位。在日常生活中，谁掌握的信息多，谁在博弈中就占据优势。最简单的例子就在于购买商品，一般情况下，商家对于商品的质量、性能、价格等都非常了解，而消费者所掌握的相关信息可能并不多，这样就会导致他们无法判断所购买的商品是否划算，而商家通常不会"好心"地提醒消费者"这件商品最多值多少钱"，或者告诉对方"这件商品存在什么瑕疵"。相反地，商家会利用消费者的信息盲区进行误导和诱惑，想方设法提升商品的所谓价值。

如果消费者通过其他渠道掌握了商品的绝大部分信息，那么商家的信息优势也就不存在了，他们在博弈时就无法利用信息不对称的优势来赢得主动权。而消费者在面对商家一些掩饰、夸张的描述时，能够有效进行辨别，从而做出更为理性的决策。

因此，无论是商家还是消费者，想要在博弈中占据更多的优势，那么最好的方式就是掌握更多的信息，并且尽量避免泄露信息，以确保己方具备掌握更多信息的优势。许多脾气好的人没有心眼儿，无论自己做什么、想什么，都会一五一十地告诉别人，这种藏不住心事且乐于分享的态度在很多时候会赢得他人的欢迎，但也容易过度暴露自己，甚至被竞争对手抓住把柄。

对于任何人来说，凡事都要留一点心眼儿，尽管坦诚在人际交往中显得很重要，但是在必要的时候还是要保留一些隐私，一些关

键信息，一些对自己影响重大的信息，一些私密的内容，都需要被
限制起来，最好不要拿出来与人分享。在必要的时候也可以释放一
些烟幕弹，提供一些与现实不符的信息，这些信息可以有效迷惑对
手的判断。

　　有些人也许会觉得不好意思，会认为有事藏着不说甚至撒谎，
是一种不道德的行为，但博弈的目的本身就是获得自身的最大利益
（对于博弈双方来说都是如此），而想要获得最大化的利益就不免
会与他人形成竞争关系，就不免要表现得更加精明一些。

丑话更要说在前头

人们在生活中更容易说好话，并且觉得说好话往往会带来更加稳定、和谐的人际关系，所以在多数时候，他们更愿意以认同、赞美、迎合的方式来进行沟通，赞美虽然有助于促进人际交往，但是对于那些想着当老好人的人来说，赞美本身的迎合性太强，而且容易失去客观性。

赞美是一种比较廉价的交际方式，这也符合人们以最小的成本赢得最大收获的心理，在他们看来，赞美的一方几乎不用承担任何损失，就可以赢得他人的信任。可事实上，鉴于人际关系具备互动性，每一个人的决策和交际策略都会给自己的交际行为产生相应的结果，过分赞美他人也可能会让自己背负"不诚实"的名声，更重要的是，当接受赞美的一方由于过度麻痹而失利，那么给出赞美的人可能也会受到影响。

一些医生在给病人动手术之前，会将一些最坏的情况说清楚，甚至要求病患家属签署相关的协议，虽然这些话不怎么中听，但是却有效降低了医生在手术失败后可能面临的压力，也给家属提前打了预防针。也许许多人会认为医生有些无情，认为医生不过是在推卸可能出现的责任而已，但是无论是本着对病患家属负责，还是对自己负责的态度，将这些不好听的话说在前头，都是一种明智的方式。如果事前专拣好听的话、中听的话说，一旦出现问题，可能会给自己造成更坏的影响。

在某人决定做某件事的时候，不要总是抱着支持、鼓励和赞美的态度，在必要的时候同样可以将丑话说在前面，让对方做好心理准备。比如A准备创业，为了确保对方不会太盲目，不会太冒进，有时候需要说出对方可能遇到的问题，"在我看来，你的想法可能还不是那么成熟，所以你仍然有50%失败的可能性。"或者可以明确告诉对方："我在接下来的一段时间将不会提供任何帮助，出了问题也不要找我，一切都靠你自己。"这些话要么就像泼冷水一样，要么就说得很绝情，但是却会给对方带来很大的激励。

　　某个人赋闲在家总想做点儿事情，于是就找父亲商量。一开始他想成为一个商人，朋友们都很赞同，认为他一定会在商界大展拳脚，可是父亲却这样劝告他："你应该明白目前创业的成功率可能不足三成，你这样的门外汉想要做点儿生意，那么首先就要想想自己能够承受多大的亏损。"当父亲给他泼了一盆冷水之后，他放弃了这个打算，然后去学习美术，并且认为自己在这一方面有很大的天赋，将来说不定会有所作为。没想到这时候父亲又开始说话了："我觉得有理想是好事，但是你应该认清自己与那些名家的差距，然后再看看自己有多大的决心，看看自己能在这条道路上坚持多久。"

面对父亲接二连三的否定，这个人显得很懊恼，他不明白父亲为什么要处处给自己泼冷水，要处处打消自己的积极性，难道自己真的一无是处吗？父亲这样告诉他："你做任何事我都会支持，但是如果我也像你的朋友那样只说夸赞你的话，那么有一天，当你真正失败的时候，也许会恨我。"听了这一番话，他才真正明白父亲的良苦用心。

"忠言逆耳"，一些听起来难听的话往往会产生积极的效果，许多人认为好话会赢得他人的信任；但问题在于好话如果无法得到兑现，那么将会成为影响个人声誉的潜在威胁。假如某人拼命称赞他人，说他一定会成功，那么一旦对方遭遇了失败，赞美者的声音往往会显得很刺耳。从博弈的角度来说，人们更应该将丑话说在前头，它往往具有很强的提示作用，这种提示在某种程度上会对说话人的形象产生不好的影响，但是这种不好的影响却能够避免说话人在日后陷入信任危机。

需要注意的是，这里提到的观点有一个前提，那就是博弈双方的关系比较密切，双方之间更应该进行坦诚交流，更应该相互激励，相互监督，而不是一味地用好话来麻痹对方。反过来说，如果双方的关系并不那么密切，甚至是竞争关系，那么将丑话说在前头就可以产生震慑对手的作用。这些话往往含有警告、威慑、压制的意味，会让对方在行动前知难而退。

比如在日常生活中，当矛盾双方产生纠纷的时候，为了避免对方进一步做出一些不合理的攻击性行为，人们应当放下"做好人"的想法，及时展示自己的强势姿态。

"如果你还要继续做这件事，那么由此产生的一切后果将由你来承担。"

"对于你咄咄逼人的态势，我们会采取相应的措施，到时候如果事情变得难以收场，那就不能怪我了。"

"以后一旦矛盾被激化，那我也就不会像现在这么客气了。"

"有些事你最好还是收着点儿，否则将来会有苦头吃的。"

以上这些话往往具有一定的攻击性，目的是给对方在心理上施加更多的压力，迫使对方停止一些不友好的举动，或者停止一些带有侵略性的行为，作为一种不那么友好的表态，适当的警告完全可以有效抑制矛盾的爆发，同时也是一种自我保护的方式。

　　其实，生活中的许多矛盾就是因为没有提前打预防针造成的，人们只专注于说好话，却不知道好脾气的表现往往会导致问题被隐藏起来，这对于双方的关系并没有任何好处，只有将事情说开，将可能存在的问题和矛盾说清楚，才不会埋下隐患。有很多人认为顺从对方的意思，为对方的行为叫好，是避免矛盾的一种有效方式，但从长远来看，一味充当好人，一味以怎么都好的态度去回避问题，无疑会导致问题越来越严重。

第八章

别让你的善良成为他人的工具

这个世界往往是善良的人居多，可是有时人的善良会被当成是软弱的表现。真正善良的人并不是完全温和的，他们也会带着一点儿锋芒，他们拥有更为完整的评判体系，拥有更加出色的人际关系处理能力。

善良也要带一点儿锋芒

最近有个朋友常常问H先生借钱，H先生向来是个热心人，朋友的事一直都是义不容辞，仗义相助，所以他很快就答应借给朋友1万元，可是朋友却执意要3万，这让H先生感到为难，因为他既要还房贷，还要还车贷，而且自己的母亲最近生病住院，急需用钱，可以说这1万元是他所能给出的极限了。

H先生担心朋友真的急需用钱，于是就将1万元钱交到对方手中，他还额外借了1万元交给朋友。可即便如此，朋友也没有显得太高兴，他在拿走这笔钱后，一直在背后说H先生的坏话，认为H先生为人太小气，认为H先生对朋友不够仗义。后来，这些话传到H先生耳朵里，他感到很委屈，明明自己一直都在想尽办法帮助朋友，为什么却换来这样的评价?

可能许多人都有过类似的经历,明明自己帮助别人,可是对方却埋怨自己得到的帮助不够多,仍旧抱怨帮忙的人没有尽心竭力。面对这样的人,帮忙者如果继续迎合对方,那么就属于过度善良。

过度善良是一种畸形的善良,这种人往往有着乐于助人的心态,可是却从来不会给自己设置一个底线,从这一个角度来说,过度善良的人具有两种比较明显的性格缺陷:

其一,过分善良的人往往缺乏明辨是非的能力,在他们眼中,所有的人都是好人,所有的事都是好事,在多数时候,他们更愿意将问题往好的方向想,更愿意将事情的好处夸大,所以他们常常会在他人的利用、算计面前表现得手足无措。

其二,过分善良的人害怕得罪别人,美国心理学家莱斯·巴巴内尔说过:"善良的人害怕敌意,所以才会用不拒绝来获得他人的认可。"许多表现得过分善良的人,往往缺乏自信心和安全感,他们在处理人际关系的时候会尽量取悦他人,会尽量想方设法迎合他人的需求,为了避免别人不高兴,他们常常会表现得逆来顺受、有求必应,他们的"好人"名声往往是建立在不计代价的付出的基础上的。从另外一个角度来说,这种善良往往显得很卑微,缺乏自主意识,容易受到外来压力的牵制。

美国作家爱默生说过:"你的善良,必须要有点儿锋芒,否则等于零。"这里提到的锋芒实际上就是一种不妥协的态度，就是一种明辨是非的能力，更是一种保持独立的个性。在多数人眼中，善良的表现是温和的，一些过分善良的人甚至会表现出妥协的一面，善良似乎就意味着无私奉献，意味着不计一切代价为他人着想。但真正的善良还需要兼顾自身的利益，真正的善良并不是无底线的妥协，并不是无原则的迎合，它需要带一点儿锋芒，以便震慑那些不怀好意的人。

对于那些好的人，需要以善良的心去面对，对于那些心不好的人，则要有所保留，不要总是采取迎合与妥协的姿态。有些人会觉得他人比较善良，因此常常会无休止地提出各种要求，会将他人的善良当成软弱的表现，会认为他人的付出是理所应当的。人往往是贪婪的，一旦人们不断给予好处，那么对方有可能会变得贪得无厌，所以善良也应该适可而止。

这种适可而止可以表现在以下几个方面：

——善良并不是帮别人解决所有问题，而是帮别人解决那些比较重要的问题，因此善良的人必须拿捏好尺度，一些不适合帮忙，一些不需要帮忙的事情，就要委婉地拒绝他人，防止自己成为他人依赖的对象，防止对方变得越来越得寸进尺。

——一个人的善良应该留给那些知恩图报的人，如果接受恩惠的人缺乏修养和感恩之心，不仅表现得贪婪，而且还对他人的善举挑三拣四，那么这对于善良的人来说就是一种羞辱。真正善良的人应该有自己的保护措施，虽然善良的举动并不是为了有所回报，但若是能够得到他人积极的回应，人们会觉得自己的付出更有价值和意义，反过来说，一旦自己的善良获得了冷漠的回应，那么下一次就要有所收敛。

——善良必须建立在原则之上，必须有一个最基本的评判标准，这个标准可以是法律，可以是道德，可以是某种约定俗成的规则。如果他人的行为触犯了法律、道德，或者违背了大多数人的利益和意志，那么善良的人就要对自己的善意进行审视和控制，避免让自己的善良变成他人作恶的工具。

——善良是主观上的行为，而不应该是一种被动的表达，因此善良的人需要做出主观上的判断，应该保持独立的个性，确保自己不会遭到其他人的道德绑架，只要自己觉得不合适，或者不值得给予，那就没有必要继续付出，而不是盲目受到他人的支配。

总而言之，不要将自己的善良浪费在那些不值得的人身上，不要将自己的善良当成一种可以肆意挥霍的资本，善良是难能可贵的品质，它只适合用在那些需要它发挥作用的地方；不要让善良变成一种懦弱，懦弱、妥协的善良会导致人际关系的畸形发展，善良是一种具有独立特质的品性，它源于人的真诚，而非人际关系上的一种压迫。善良是一种美德，可是过分善良就会成为一种负担。

相比于完全意义上的无私付出，真正的善良应该是有底线的，是具有针对性的，善良必须掌握好尺度，善良的人必须懂得在何时做出拒绝，必须懂得对何人做出拒绝。一个聪明的人不会在所有事情上做出让步，不会盲目地对所有事情都保持妥协，不会将自己的善良用在所有人身上，也不会被其他人牵着走。真正的善良应该带一点儿锋芒，这种锋芒既是自我保护的需要，也是稳定和平衡人际关系的需要。

不要让善良成为他人利用的工具

　　S女士是一位充满爱心的人，她曾经救助过许多贫困家庭的孩子，其中就包括很多上不起学的大学生。在帮助贫困学生的时候，S女士常常会每年给对方6000元钱，作为基本的学费，然后每个月给学生负担800元的生活费，有时候，她还会额外给那些学生一点儿钱。

　　多年来，她一直都在积极帮助那些学生，而且时常会有满满的成就感。不过后来发生的一件事让她感到心寒，有一次，地方电视台发布了一条新闻，有许多大学生由于聚众赌博被抓，S女士发现参与赌博的学生中就有自己资助的学生，这个学生的家庭特别困难，有时候甚至会主动问她多要一点儿钱，而S女士从来不会过问这些钱究竟被用在哪里，所以当这条新闻出来之后，S女士感觉自己的好心受到了欺骗。

　　同城的W女士也遭遇了类似的情况，她多年来一直都在进行一对一扶贫的工作，接受帮助的是一个家庭困难的女大学生，可是每次她提出去学校和对方见面，然后一起吃个便饭，对方都选择避而不见，这让W女士感到疑惑。有一次，她去商场购物，正巧碰到了对方，当她发现对方身上穿戴着各种奢侈品时，有些震惊，后来通过打听，她才知道原来自己一直以来资助的学生花钱大手大脚，将自己提供的学费和生活费全都用来购买奢侈品，而学费则全部用贷款来解决。这让W女士有些难以接受，她觉得自己上当受骗了。

　　善良的心态往往代表了同情和帮助，代表了对弱势群体的关怀，代表了正义和希望，但与此同时善良往往也是脆弱的，稍微有一些偏差，善良就会沦为他人利用的工具，就会变成一个容易被人攻击的弱点。

　　许多心地善良的人总是不计代价地为别人默默付出，总是心甘情愿地帮助别人解决麻烦，而事实上，他们的真诚付出可能源于盲目的心态。这些人对于自己所帮助的人不够了解，对于自己所做之事也缺乏基本的判断能力，有时候他们自以为做得很不错，可是到了最后反而会落入他人的陷阱。

真正的现实问题是，有很多看起来需要帮助的人其实并不是真的陷入了困境，他们的生活没有任何困难，或者他们完全有能力来克服这些困难，可是他们更愿意将他人的帮助当成一种捷径。这种心态使得他们不仅不会对帮助自己的人心怀感恩，而且还会利用他人的善良为自己谋取不正当的利益。

有人曾在微博上发布了这样一条新闻：一对年轻的夫妇带着年幼的孩子在上海地铁的一个车厢里乞讨，结果有一个女乘客对于年轻夫妇的做法感到不可理解，所以多说了几句。这让乞讨的夫妇非常不满，他们开始大声反驳，认为自己是光明正大地乞讨，根本没有碍到别人什么事，面对这对夫妇的嚣张态度，女乘客反过来讥讽说："年轻人在这乞讨，为什么不去打工？你有手有脚凭什么乞讨？"

这条微博发布出来之后，迅速引起了热议，许多人都表态自己要开始认真思考"善良"的定义，尤其是那些经历过同样事情的人，更是很快就产生了情感上的共鸣。在平时，许多人都会遇到向自己伸手的乞丐，而这些乞讨的人有很多都是年轻人，他们四肢健全，身体健康，却常常四处乞讨骗钱，通过装可怜来博取大众的同情心。这种乞讨的风气让很多人感到不满，一些人有时候出于善意或者不好意思会给他们一点儿钱，但是乞讨者可能会将这份善意作为自己谋财的出路。

这种变了味的乞讨完全愚弄了人们的善良，从本质上来说，就是一种欺骗，这种欺骗在生活中很常见，很多有爱心的人都容易被那些不法分子盯上，容易被那些不道德的行为所捆绑。而面对这种愚弄他人善意的人，最好的办法就是远离他们，人们要坚决地和他们划清界限。人们应该意识到这样一个问题："我之所以对别人好，之所以愿意帮助别人，是因为那些人确实需要帮助，而不是为了显示自己的善良而盲目为他人付出；我愿意帮助别人是出于情感上的互动，而不是基于一种欺骗。"

很多时候，善良的人应该给自己提出这样一些问题：对方的为人怎么样？对方如何对待你的善良？什么人值得帮忙？什么情况下，不能随意帮忙？想要弄清楚这些问题，最关键的一点就是要确保付出与回报达到基本的平衡，那些认为付出就不求回报的人往往会成为他人利用的对象。

从心理学的角度讲，每个人都渴望自己的努力得到补偿，无论是利益上的补偿还是心理上的补偿都可以让人产生成就感。如果一个人只懂得付出而不求回报，那么他只会专注自己的善良行为，只会关心自己对别人做了什么，只会关心自己能够给他人带来什么帮助，对于其他事情则毫不关心，这样就形成了认知上的盲区，从而更容易陷入陷阱和困境之中。

一个聪明的善良人士懂得观察受助者的反应，懂得通过自己收到的回馈来评估自己的付出是否合理，懂得通过他人给予的回报来评判双方关系是否合理。一个聪明的人在处理朋友关系的时候，同样会衡量自己的付出是否会赢得对方的尊重。人们会依据他人的反馈来行动，而这恰恰是自由意志的一种体现。反过来说，当一个人不注重观察，或者不注重他人的反馈时，就有可能会被他人利用。

不要让他人对你的善良形成依赖

Z是一名来自农村的大学生，为人很实在，平时也非常愿意帮助别人，平时有点儿什么事，同学都会打电话叫他帮忙，连宿舍里的卫生也常常是他一个人打扫的，因此他和同学尤其是舍友之间的关系非常融洽。

可是一段时间之后，Z发现同学们对自己越来越依赖：宿舍里的卫生一直都是他打扫的，如果他不动手清扫，那么就没有人会去做这些事，哪怕宿舍里的垃圾再多，大家都会选择无视。宿舍里的开水也都是他一个人从水房里打回来的，如果自己不去做，那么宿舍里就永远不会有开水；舍友们有时候会一连两天不出门，大家每天都习惯了让他把饭菜带回宿舍，只要一个电话，他就会帮忙买饭，即使他们出门，也会让Z带饭；学校里布置的一些团队任务以及作业，基本上也是被Z一个人承包了，只要他没做或者不想做，永远都没有人动手去做。就连平时上早课，也需要Z进行提醒，如果Z没有叫醒他们，舍友们基本上不会按时起床。

有一次，Z像平时一样去上早课，由于还有其他事，走得急，只叫了舍友几声便出门了。结果舍友们由于当时没有被叫醒，全都迟到了。大家纷纷将矛头指向Z，责怪Z没有及时叫醒他们，才导致他们全都睡过了头。面对大家的指责，Z显得很伤心，在过去的几年时间里，他一直都真诚地对待每一个人，帮助每一个人，可是对方却当成理所当然的事，甚至对自己的善良举动产生了依赖，一旦自己无法再提供帮助就会遭受指责，这让他不得不重新考虑自己的付出是否还有意义。

许多人都会遭遇到类似于Z的困惑，他们平时都热情、大方、乐于助人，是大家眼中的好人，是值得信赖的好朋友，可是这种好心却常常会让他人产生依赖，以至于大家会习惯性地将所有的事情交给这些人去做，还会本能地将所有的责任托付到这些人身上，这个时候所谓的"善良"就成了一种负担，一旦自己某一天无法兑现这种"善良"，就可能会让他人产生不满的情绪。

这种"善良依赖症"其实就是一种不负责任的行为，也许许多乐于助人的人会觉得自己越是善良，别人就越是愿意找自己帮忙，这就证明了对方对自己越信任。但是这种信任往往很脆弱，而且它是建立在贪婪、自私的基础上的，接受帮助和馈赠的人并不会因为这些善意而真正心怀感恩，反而会把它当成一件理所当然的事情，会觉得那些"充满善意的人"没有理由不帮助自己，这种想法会令他们变得更挑剔，对自己的事情更加不负责任，同时也更加自私自利。

对于善良的人来说，一旦他人对自己的善意形成依赖，那么自己将会陷入"越是善良就做得越多""越是善良，别人的要求越多"这样的怪圈，而且一旦自己某一天不能如人所愿，那么个人形象就会瞬间跌入谷底，甚至自己会成为他人攻击的对象。换句话来说，当善良成为一种被他人依赖的特质时，善良的成本将会越来越大，风险将会越来越高，人际关系将会越来越脆弱，稍有不慎就会"伤害"到别人，同时让自己陷入尴尬的境地。

从某种程度上说，过分善良可能会让自己陷入"好人越来越难当"的困境，而为了避免给自己的善良增加负担，就需要想办法做出改变。首先，要从态度上做出改变，任何一个善良的人都需要认识到一点：自己不可能帮别人做所有的事，既然做不了所有的事，那么就必须明白自己需要克制好自己的"善意"，适当进行收敛，以免被他人一再榨取。

其次，要从行为上做出调整，有的人明知道自己不可能一直帮助他人，可是碍于情面，当他人提出请求的时候，他们常常会选择继续忍让和妥协，这样就将自己彻底束缚了起来。为了打破僵局，善良的人需要勇敢地拒绝他人一些不合情理的要求，需要告诉他人自己"不想做某事"或者"不方便做某事"，尤其是对于他人一些力所能及的事情，千万不要自己代劳，因为事事代劳就容易让他人产生依赖感。在很多时候，善良的人需要及时提醒对方"有些事情必须你自己去完成"。

最后，要从人际关系上做出调整，有些人会觉得只有自己帮助他人，双方的人际关系才会更加稳固，双方之间才能建立起互信的关系，可实际上稳定的人际关系是建立在良好互动的基础上的，彼此之间的互动性越强，彼此之间的来往越密切，关系才会越密切，单纯的付出和单纯的接受恩惠很有可能会让彼此之间的关系变得畸形，一方会变得越来越力不从心，另一方可能会变得越来越贪婪。为了营造更加健康的人际关系，那些心地善良、乐于助人的人必须平衡好付出和接受的关系，而且必须改变那种"只有全身心为他人付出才能赢得信任"的旧观念，对于那些只要求别人付出，或者对他人形成依赖的人，最好避开。

每一个人都必须留住内心最真诚的善良，但这份善良是自由的、有底线的，它不是某些人依赖和利用的工具，不是轻易就被捆绑的东西，真正的善良是聪明的，是具有自由意志的品质，是一种有选择性的且有助于实现人际关系平衡的生存智慧，更是一种利人利己的生存法则。所以，一旦人们对善良形成了依赖，一旦人们对善良表现出理所当然的态度时，那些表现出善意的人应当适当控制好自己的付出，应当告诉对方自己做事的原则和底线，因为善良本身就是有底线的。

善良并不是简单地同情弱者

在一场篮球比赛中，甲队和乙队进行比赛，由于甲队的实力明显高出一筹，因此半场过后，乙队就以40分的分差落后于对方。落后的乙队开始显得有些急躁，动作越来越大。早早领先的甲队则显得有些隐忍和克制。观众本着同情乙队的原则，开始为乙队加油助威，一些人开始狂嘘甲队，并且每次裁判判罚乙队犯规的时候，观众席上都会发出震耳欲聋的嘘声，还有一些人甚至打出羞辱性的条幅来干扰甲队。

由于观众情绪不断高涨，乙队的防守动作越来越大，犯规也越来越明显，他们还不断挑起观众的情绪，结果双方很快发生了争执和冲突，场上的局面一度失控，这个时候观众才意识到自己犯了错。

在这场球赛中，观众的问题在于他们滥用了自己的善良，并且简单地将施予的对象理解成为弱者，在他们看来，弱者就是需要帮助的，但有时候弱者恰恰是实施暴力的一方，恰恰是伤害他人的人。实际上弱者并不一定就值得同情，有很多行为不端的弱者常常是社会规则的破坏者，是道德的违背者。

有很多弱者会利用自己的弱势地位提升"存在感"，在他们眼中，自己是最需要帮助的人，那么别人就有义务为自己提供帮助，就有义务优先为自己提供服务，就有义务事事都让着自己。他们对自己获得的一切都觉得理所当然，在舆论上拥有巨大的优势，并利用这些优势尽可能地提出一些不合理的要求。不仅如此，还有很多弱势的人会毫不迟疑地破坏规则，违反律法和道德准则，因为在他们看来，弱势群体必须得到重点保护，是区别于正常人的。这种不可理喻的优越感和畸形的价值观通常会让他们变得更加肆无忌惮，会让他们变得更加贪婪，同时让他们对原本和谐的人际关系产生强大的破坏力。

有个头发花白的老人拄着拐杖去银行办理业务，在取出排号的纸后，老人对自己的排号比较靠后感到不满，他于是气愤地走到办理业务的柜台上，要求业务员先帮助自己办理相关业务。柜台处刚要上前办理业务的一位小姑娘见到老人无故插队，看了看老人手里的号，礼貌地说："老人家，您的号还没到呢，您还需要等待11个人。"

老人一听这话就不乐意了，他恶狠狠地瞪着姑娘说道："我一把年纪了，难道还要和你们这些年轻人一样排队？你们难道就不能等等我，让我先办理好业务吗？"老人的强横表现让姑娘觉得有些委屈，所以红着脸说："好吧，那就让你先办理吧！"

听到姑娘的表态后，老人甩了一个脸色，冷冷地说道："本来就应该这样。"老人的话让姑娘更加感到难堪，她默默地往后退。可是她刚刚往后退了一步，柜台处的服务员叫住了她："在没有特殊情况时，我们希望所有人能够按照顺序办理业务，所以这位姑娘，现在请您先办理业务。"

这样一番话让姑娘和老人都有些吃惊，看到他们还没反应过来，柜台服务员重复了一遍："现在请XX号（姑娘的排号）前往柜台办理业务。"听到指示后，老人有些不好意思地离开了柜台。

同情弱者是人的一种天性和本能，而且是一种美丽的本能，人类的和谐共处往往离不开这种天性和本能，因为存在同情心，人类社会在充满竞争的同时同样会存在一些人情味，而不至于变成完全冷漠的、竞争的、相互剥夺的野蛮丛林。善良的心态使得人类的社会文明得以建立起来，使得人与人之间的强弱关系得到了一定程度的平衡。

不过人们必须给善良设置一个底线，设定一个明确的标准，否则善良有可能会变成作恶。一些滥用同情心的人往往会产生"弱者代表正义""弱者犯错是值得原谅的""任何一个弱者都值得帮助"之类的想法，可是一个人弱并不意味着就是好人，并不意味着就会善待他人的"善意"。真正的善良并不是盲目地同情弱者，而是同情那些真正需要帮助的人，同情那些真正意义上的受害者。

有人说："善良是托付给君子的，而不是奉献给小人的。"真正善良的人并不会将强弱作为评判的标准，他们不会因为对方社会地位更低就无条件给予支援，不会因为对方缺乏竞争力而无条件给予恩惠，相比于硬件上的弱势，善良的人更加注重对方的个人品德与修养，更加注重对方的行为表现是否符合正确的价值观。

善良的心态往往包含了正面的积极的人生观和价值观，善良的人拥有正确的人生观，拥有乐观向上的心态，拥有明辨是非的能力，拥有明确而合理的评判标准，他们常常会同情弱者，但不会被对方牵制，不会盲目且毫无底线地帮助那些弱者，也不会纵容那些弱者做出有违正确价值观的事情。在价值观面前，在道德准则和社会法则面前，对所有人一视同仁才是善良的人应该去做的。

人们总是想要同情弱者，想要给予弱者更多的帮助，但是在打算这么做时，首先要确保弱者是好人，确保他们的要求和需求是合理的，面对那些对社会、对周围人产生不利影响的人，善良的人必须进行合理的分析和判断，必须果断地拒绝他们不合理的要求。

过度善良的9种表现

前面在谈到善良的问题时，人们谈到了过度善良的问题，而在生活中，常见的过度善良分为以下几种：

——永远将别人的事情放在第一位

生活中总有一些老好人，他们明明没有时间和精力做其他事，却还是愿意放下自己的工作先帮助他人解决问题；他们明明没有完成自己的工作，却总是先着急解决别人的问题。这些人非常仗义，但缺乏对自己负责的态度，他们很少认真地替自己着想，很少将自己的利益放在别人利益的前面。这种过分善良的举动一方面容易被人利用，另一方面容易耽误自己的追求。

——责任感"过强"，自我感觉良好

这种人拥有奇怪而坚定的思维，总是认为"我是不可或缺的，因此我有理由去帮助别人"，正因为如此，他们往往有求必应，来者不拒，无论对方提出什么要求，都会答应。他们不喜欢让自己置身事外，也不习惯于弱化自己的角色。通常情况下，他们的责任心"过强"，只要有人提出了请求，无论他们是否有能力去做，都会将别人的事情当成自己的工作来对待。

——同情心与同理心泛滥

同情心是人类社会情感中很重要的一个组成部分，许多人都会同情那些比自己弱小的人，同情那些在竞争中处于劣势的人，并尽可能帮助他们改善生存环境。不过过度善良的人往往拥有泛滥的同情心，当某些人处于弱势地位时，无论对方是好人还是坏人，无论对方的举动是否合法合理，他们都会本能地伸出援手。

——对于别人得寸进尺的行为保持妥协和让步

许多人做事缺乏尺度，没有自己的主见和底线，面对他人一而再再而三的请求时，往往表现得很懦弱，往往不懂得如何做出拒绝，哪怕自己不想帮忙，也会想办法迎合他人的想法。这种人脸皮比较薄，不懂得如何拒绝别人，因此常常会被他人牵着鼻子走。

——"凡是和自己关系好的人都值得帮忙"

人们在处理人际关系的时候常常会依据亲属关系来做出判断，并借此决定自己的行动，因此人们更愿意将善意留给自己最喜欢的人，留给那些和自己交往最深的人。正因为关系密切，人们常常会毫无防备地帮助他人，愿意为之付出一切，殊不知，他人的需求就像一个无底洞，无论自己怎样付出可能都难以填满。

——"别人找我帮忙就是相信我"

过度善良的人有一个最明显的特征，那就是将所有人都当成好人，对别人的请求毫无防备。在他们看来，任何人找上门来帮忙都意味着一种信任，而出于对这种信任的尊重，他们会不加考虑地认为托付者就是好人，认为对方的确值得帮忙。可是在日常生活中，有许多人都会针对他人的善良做坏事，甚至恩将仇报。

——被对方骗了，还要继续帮忙

过度善良的人容易上当受骗，而更重要的问题在于他们在上当受骗之后仍旧不知道如何拒绝他人，不懂得做出反抗，结果下一次，他们还是会保持"老实人"的作风，再次上当受骗，这种一而再再而三的懦弱表现会让他们陷入恶性循环之中。

——"任何错误都值得原谅"

人人都会犯错误，而这些错误或多或少都会影响到他人，其中一些错误造成的影响很小，而且常常是无心之失，而其中一些错误的影响力和破坏力很大，并且犯错者从主观上就对受害者不够尊重，这种错误是根本不值得原谅的。而过度善良的人缺乏明辨是非的能力，在他们看来任何一种形式上的错误都值得原谅。

——"我不去付出，怕最后影响不好"

　　许多过度善良的人都会有这样的想法："如果我不去帮忙和付出，那么可能会在他人心中留下一个不好的印象，所以无论如何都要想办法帮别人。"可以说，过于在意所谓形象是人们过度善良的一个重要原因，为了在别人面前留下一个好的形象，为了在别人那里拥有更好的名声，人们会表现得过于热情，并且很容易就被他人道德绑架。

　　以上9种情况是过度善良的常见表现，过度善良的人往往性格比较弱势，缺乏灵活变通的能力，这也是他们经常吃亏的原因。想要改变这种情况，首先就需要改变过去那种"依靠自己没有原则的全力付出，就能够让自己变得不可或缺"的错误想法，给自己的每一次善举设定一个基本的原则和底线，确保自己不出现同情心泛滥的情况。

　　其次，想要赢得他人的尊重，不能仅仅依靠无休止的付出，不能依靠无底线的妥协，丧失原则的善良举动往往会让自己不断陷入被动，不断产生挫折感。因此，必须在接受一项请求前分析它的合理性，必须在给予他人帮助的同时，对自己的举动进行评估，确保相关的付出都会产生积极的影响，以及弄清楚自己需要为此付出多大的代价。同时要应承那些"在法律和道德规定范围内，自己有必要去做而且也有能力做好"的请求，除此之外，对于一切承诺都需要谨慎对待，避免被人道德绑架。毕竟每个人都有拒绝的权利，而且都有将拒绝放在第一位的权利，无论在什么时候，他们都应该让别人清楚——"无论对我提出什么要求，都有被拒绝的可能，因此必须考虑我的感受，给予我足够的尊重"。

第九章

不要被好脾气害了，更不要被坏脾气控制

好脾气有其优势和缺陷，坏脾气也有其优势和缺陷，不能走向
另外一个极端。要懂得在两种模式之间恰到好处地进行切换，
避免出现"太好说话"或者"太难说话"的情况。

抑制暴躁，避免被人利用

本书谈到的主题是"不要总是保持好脾气"，但这种所谓的"不要保持好脾气"并不意味着就要让人保持暴躁的性格，并不意味着就要保持坏脾气，如果一个人的脾气太不好的话，同样会走向另一个极端。人们常常会说，好脾气的人不够聪明，他们很容易被人利用，但是脾气暴躁的人也容易被人利用。

在日常生活中，那些脾气暴躁的人有很大的性格缺陷，他们做事往往比较冲动，容易感情用事，而且为人直率（并不聪明），这样的性格和情绪很容易被他人操纵。比如，脾气暴躁的人看起来战斗力十足，常常会跑到第一线，这种人好胜心很强，不容许失败，因此做事充满干劲，这一点可能会被人利用，因为那些难度更大、风险更高的工作可能会被故意安排给他们去做。由于过于积极，坏脾气的人可能会成为吃苦耐劳的代言人，这样他们将无法轻易摆脱那些繁重的工作。比如公司中有很多认真、严格，做事遵循原则的人，他们不仅认真做好自己的工作，对于其他一些没有好好工作的人也会忍不住指点和批评。由于这些人富有挑战精神，喜欢将事情做得更加精细，因此在很多时候可能会在其他人的鼓动下大包大揽。

与此同时，由于这一类人的责任心很强，常常在工作中一马当先，因此常常会因为主动承担工作而成为最大的责任人和背锅者。很多人在工作出现问题或者遇到困难时会相互推诿，尽量避免承担责任，而那些坏脾气的人通常不会逃避责任，本着对工作的尊重，对团队的忠诚，他们可能会自己一肩扛下来，而有时候这并非什么好事，很可能会给自己增加不必要的麻烦。

此外，脾气暴躁的人对于个人利益和团队利益非常看重，他们常常会成为团队内部的福利策划者，成为内部纠纷的出头人，对于一些有失公允的事情也会当众表达不满，因此常常会成为大众利益的带头人，这样的角色定位会让他们承受更大的压力，毕竟枪打出头鸟，越是站出来发脾气争取利益的人，越容易遭到打压。而那些希望为自身争取利益的人，只会悄悄躲在身后出谋划策，鼓动那些暴脾气的人出面。最终的结果常常是：暴脾气的人吃力不讨好，被领导嫌弃，而那些躲在背后什么也不做的人反而成了利益的最大获得者。

比如在一个群体中，那些最先跳出来建议群体必须改革的人，往往会成为激进派和守旧派斗争的牺牲品。无论守旧派最终是否愿意做出让步，高举旗帜的那个人通常都会被淘汰出局，而那些在背后偷偷鼓动的人，反而会获得实实在在的好处。

总而言之，脾气暴躁的人通常缺乏理性思维，与那些好好先生相比，他们显得并不迂腐，并不会将事情看得很淡，但过于激烈的情绪表现往往让他们失去自我控制的能力，这种人很容易受到他人的鼓动和挑拨，做出一些不合理的举动。

《禅林宝训》中讲述了这样一个故事：有一天，祖心禅师见方丈慧南禅师心事重重，于是就问方丈是否遇到了什么烦心事，方丈于是道出原委。原来寺院里的主事人有个职位空缺，可是却找不到合适的人选。

祖心禅师也知道这个职位比较重要，一定要安排德高望重且有能力的人去担任，他想到了副寺的兹感禅师，认为此人足以担任要职，于是就建议方丈将其作为人选。慧南禅师听了连连摇头："兹感性格暴躁，容易被小人利用，还是不可。"

脾气暴躁并不完全是坏事，但是在多数时候，脾气暴躁的人拥有更为明显的性格缺陷，因此必须适当地予以控制，以免这些缺陷和漏洞被他人利用。那么该如何进行自我控制呢？

首先，要避免在一些无关痛痒的小事情上大发雷霆，毕竟任何一件事都有它的弹性，那些无足轻重的事情不存在太多的大是大非，弹性也更大，因此在可进可退的时候，可以适当退一步，不要总是抓着一些不合理的地方不放，不要动不动就在一些根本不会产生什么影响的小事情上上纲上线。

其次，不要过分关心他人的事情，毕竟无论是团队内部，还是整个社会群体，每个人都有自己的角色要去扮演，每个人都有自己的责任要去担当，除非是特别重要的事情，否则平时最好还是不要去为别人强出头。在一些和自己不相干的事情上大动肝火，这只会给别人留下"多管闲事"的口实。

第三，动怒之前，先将事情的来龙去脉分析几遍，而不是盲目听从他人的怂恿；自己去分析事情的话，可以更好地了解事情的真相，而不会轻易沦为他人的棋子。不仅如此，在听到他人的鼓动后，一定要注意观察对方的行为，看看对方是否有什么行动，看看对方是否真的对这件事非常关注；同时也趁机窥探对方的心理，如果对方只说不做，或者一味将自己往前推，那么就要谨防对方利用自己。

脾气比较暴躁的人，平时可以适当发泄自己的不满，但是最好还是坚持以上三个原则，这样就可以有效地抑制自己的暴躁脾气，避免自己轻易掉入别人挖好的坑里。

发脾气的时候也要避免被权力操纵

　　李先生是一个非常谦逊、热情的人，而且性格非常好，可是他的妻子张丽则不是一个好相处的人。由于李先生的婚姻是父母一手包办的，因此他在结婚之前对于张丽并不了解，一开始他觉得对方会是一个名门闺秀，因为她曾出国留学，还在一所"贵族学校"读书，甚至还会说一口非常流利的英语，而且她对服饰及外表也极为讲究，看起来应该是一个举止得体的大家闺秀。

　　可是订婚后不久，李先生就发现自己和未婚妻在性格、志趣、修养和思想方面都有很大差异，张丽是一个脾气暴躁、孤傲自大、心胸狭隘、嫉妒心极强的女人，李先生曾当面提出分手，结果对方又哭又闹，他只好收回自己的话。张丽也对李先生做出了承诺：一定会改掉自己的坏脾气。

　　可事实上，张丽的坏脾气早就深入骨髓，而且还变本加厉，不仅喜怒无常，还对别人十分挑剔。她经常挖苦李先生，认为丈夫身上没有一个部位是看着顺眼的，比如她认为丈夫的脑袋太小，手脚太大，鼻梁不直，下颌突出，就像一只猩猩。她还嘲讽他走路时脚提得太低，没有气派，她还逼迫丈夫跟自己学习走路的姿势。

　　随着李先生当上经理，家里的经济条件不断好转，社会地位也不断提高，张丽变得更加霸道。有一次，李先生因为吃饭时没有注意听妻子的问话，结果她直接拿咖啡泼了丈夫一脸。在当上公司经理后，李先生变得更为谦逊，甚至不喜欢别人称呼自己为"李经理"，而喜欢人们叫他"李先生"，而张丽则变得更加傲慢和爱慕虚荣，要求所有人都称他俩为"李经理"和"李夫人"。有一次，一位跟随李先生多年的老员工当着她的面叫了一声"李先生"，结果张丽跳起来指着老员工的鼻子骂他是"无法无天的蠹虫"。

　　李先生的一些朋友说道："李夫人出名的尖叫声传遍了整个小区，其中常常还夹杂着摔东西的声音。"而李先生也在给朋友写信时称呼自己是世界上最不幸的人。张丽的坏脾气为她带来了坏名声，人们在背后说她是"悍妇"，是"男性杀手"。

　　"坏脾气"有时候会成为成功的一个助力，可是释放自己的
"坏脾气"，就会造成很大的负面影响。而在什么情况下才会发脾
气失控呢？拥有权力是一种情况，权力往往是发脾气的催化剂之
一。在第五章的"在纯粹的生存环境下，弱者有时候也不值得同
情"这一篇中，提到了一个观点：人们在杏仁核区域受到刺激时会
对他人发起攻击，可是这种攻击在很多时候会受到双方所扮演的角
色和地位的影响。"如果某人的地位高于其他人，那么当他的杏仁
核区域受到刺激时，就容易对他人发起攻击；如果某人的地位低于
其他人，那么即便他的杏仁核区域受到刺激，也不会轻易对他人发
起攻击。"

　　由此可见，权力会成为脾气爆发的一个重要因素，权力越大的
人，从某种程度上来说，越容易对自己看不惯或者令自己不满的现
象动怒，言语上的攻击性也越强。正因为如此，人们在发脾气的时
候，一方面可以利用权力上的优势（更具权威性、更具说服力），
另一方面也要避免被权力反噬和操纵。

　　比如，有的人一开始虽然也会发脾气，但是却并没有显得那么
火爆，而且次数也不多，在他们不断获得提拔之后，可能会变得越
来越容易动怒，而且每次动怒都让人觉得不像是在交流问题，而像
是故意侮辱人，借此刷存在感，这就是比较典型的权力控制的发脾

气行为。由于权力的增大，许多人会产生优越感和膨胀感，会认为自己才是生活的焦点，是整个生活体系中的核心环节，因此自己有资格对其他人说三道四。此外，在他们看来，任何可能威胁到他们地位的人，或者对他们不够尊重的人，都是"坏人"且必须立即予以打压和清除。

当权力过大时，个人在发脾气的时候很容易出现一些不合理的举动，或者出现一些错误的判断，这导致其人际关系进一步紧张。正因为如此，经常发脾气的人必须时刻提醒自己，时刻反省自己的行为，避免自己被权力和欲望吞噬，避免自己因为个人的膨胀而加剧对他人的伤害。人们在权力面前一旦失去了自我管理和自我控制的能力，坏脾气就会成为制约个人发展的巨大阻碍。

就事论事，不要为了发脾气而发脾气

　　一般情况下，人们之所以经常发脾气，是因为对其他人的一些行为和做法感到不满意，比如某人违反了规定、做了一件不道德的事、表现出了攻击性的行为，或者侵犯了他人的利益。这种发脾气往往针对某个特定事件，而且针对的对象是引发这起事件的责任人或者主要负责人。这种有针对性的发脾气往往更容易被人理解，

　　不过，也有很多人将发脾气当成展示自己实力和权势的一种方式，或者将其作为攻击对手的一种方法，比如很多领导经常在办公室里发脾气，可能不仅仅是因为工作，他们有时候还会将一些工作以外的情绪带到办公室里来：家庭内部的矛盾导致心情不佳，上司们可能将怒气撒在员工身上；和朋友发生了不愉快，他们也可能会带着怒火同员工交流；有时候，他们心情低落，也容易将愤怒的情绪释放在员工身上。

　　有时候，管理者在工作中遇到了挫折和麻烦，或者在与客户谈判的时候不顺心，由于自己无法解决这些问题，同样可能会迁怒于员工。很显然，有些管理者之所以乱发脾气，有时候并非真的因为对员工的工作和内部的管理非常关心，而是因为缺乏自制力，而且官本主义思想比较严重，总是会将员工惯性地当成出气筒。

　　此外，一些上司如果对某个员工看不顺眼，或者不喜欢对方，就会有事没事将对方叫到办公室里训斥一顿，这种公报私仇的方式往往容易导致上下级矛盾的激化。

　　对于那些就事论事，因为工作而动怒的上司，员工有时候也会给予理解，毕竟对工作严苛并不是什么坏事，但是如果上司想发火就发火，想骂人就骂人，常常为了发脾气而发脾气，在工作中夹带私人情绪或者将私生活和工作交流混为一谈，就可能会引发员工的不满。从某个角度来说，人们更愿意将发脾气当成对某件事情的应激反应，而不是一种习惯性的发作，更不是一种人身攻击。

　　　卢文是H公司的总裁，H公司向来以严厉著称，而在很多人看来，H公司的味道，其实就是卢文个人的味道，作为这家科技公司的总裁，卢文的坏脾气几乎人尽皆知。如果员工没有按照要求完成任务，没有按照要求去做事，那么他会毫不留情地训斥员工。有一次，公司内部举办业绩评估大会，由于很多员工的业绩都不能让他感到满意，于是他在大会上大发雷霆，其中一位下属因为工作不达标，受到了严厉的指责，令人意外的是，这位职员因为过分害怕受到惩罚，结果在会场当场吓晕了过去。

这件事传出来之后，很多人都觉得卢文是一个刻薄、无情的人，大家批判他自认为是一个高高在上的皇帝。可事实上，他所提出的批评都是针对工作的，他从来没有因为工作以外的事情责备员工，没有因为一些不相干的事情对他人破口大骂。任何时候，他都是对事不对人，不会因为不高兴了就直接骂人。

卢文经常会去各地演讲，有些人通常只顾着自演自说，但是他却是一个偏执狂，不仅自己会拿捏好演讲的细节，而且还对听众也提出要求。有一次，卢文的丈母娘和亲戚去听他演说，这本来是一件好事，毕竟有丈母娘和亲戚来捧场，毫无疑问会让自己觉得更加荣幸。可是演讲结束之后，卢文表现得很生气，他认为丈母娘虽然坐在台下捧场，可是并没有认真听，而是一直在走神，这让他觉得难以接受。

在批评任何一个人，或者冲着任何一个人发火的时候，卢文都会就事论事，而不会莫名其妙就冲着身边人发火。他之所以经常发脾气，就是因为对他人有着更为严格的要求，对任何工作都抱着完美主义的心态。了解卢文的人都知道，他的偏执并没有什么恶意，他只是习惯了从言论上传递他的价值观、对事物的真知灼见，从行为上对自己和周围人一致的严格要求。

就事论事是与人交流的一个准则，也是发脾气的一个基本要求，这是个人素养的一种体现。如果一个人随意乱发脾气，随意对其他人指手画脚，甚至无中生有，那么就是一种不负责任的行为，甚至属于恶意的人身攻击，这种坏脾气的表现显然会严重影响个人的形象。

考虑到负面情绪可能会对人际关系造成的破坏，如何最大限度地将怒火压制在可控范围内是双方都要考虑的。就事论事常常会引发怒火，但它同时也是有效控制脾气的一种方式，因为发脾气的目的是实现沟通，是让自己更完整地表达想法、更强势地输出信息。发脾气的人如果专注在某件事情的沟通上，那么就不会轻易将怒火释放在其他不相干的事情上。

拒绝迟钝，但也要保持钝感力

在谈到好脾气与坏脾气之间的平衡问题时，很多人会想到一个词"钝感"。作家渡边淳一写过一本书《钝感力》，在书中他对钝感力做出这样的解释："所谓'钝感力'，即'迟钝之力'，亦即从容面对生活中的挫折伤痛，而不要过分敏感。当今社会是一个压力社会，磕磕绊绊的爱情、如坐针毡的职场、暗流涌动的人际关系，种种压力像有病毒的血液一样逐渐侵蚀人的健康。钝感力就是人生的润滑剂、沉重现实的千斤顶；具备不为小事动摇的钝感力，灵活和敏锐才会成为真正的才能，让人大展拳脚，变成真正的赢家。"

渡边淳一所提倡的是有意义的感觉迟钝，它强调的是对困境的一种耐力，是为人处世的态度，是"为我们赢得美好生活的手段和智慧"。尽管他从医学、文学的角度对钝感力进行了分析，并认为钝感力是人们应对竞争激烈、节奏飞快、错综复杂的现代社会的一个生存法门，拥有钝感力的人在面对外界的侵犯时，能够保持内心的平衡，并与社会和谐共处。那些容易发脾气的人，有时候需要保持钝感，尽量降低自己对外界的敏感程度。

但钝感力并不是好好先生的标配，也不是老实人的一种特征。许多好脾气的人对外界环境同样不那么敏感，可是这种不敏感不过是迟钝的表现，一些好好先生就属于迟钝的类型。尽管两者比较相似，但钝感并不意味着迟钝，迟钝的人对于外在的变化常常感觉不到，对于来自外界的压力也没有多少知觉，这种表现使得他们在处理人际关系时处于一种茫然不知所措的状态。比如当某人不断遭受无礼的批评，不断受到外界的打击，他对此仍旧丝毫没有防备和觉悟，那么就可以说这个人处于迟钝的状态。迟钝的人也是"好好先生"的一种，他们对于外界的恶意常常保持无条件的宽容，这种"宽容"并非源于他们有容人之心，而在于他们对于他人的恶意批评和侵犯根本就是后知后觉，或者不知不觉，这种人往往难以在第一时间意识到自己受到了侵害。

想要弄清楚钝感和迟钝的区别，可以用ABC理论类比，A表示客观发生的突发事件，是个人的感官直观感知到的东西；B是大脑对感官传来的数据的处理过程，它指的是理性思维；C代表了一种结果，即个人的输出，包括行动、情绪等。迟钝的人通常只停留在A这一阶段，甚至连A也不清楚，无法准确感知到相关的内容；而钝感力指的是对A有所了解，但是不过分敏感，而是例行地进行分析，然后通过行动直接表现出来。

许多人会将钝感力和迟钝联系在一起，认为自己对外在环境表现出的一种"迎合"，对外来压力表现出来的"无所谓"态度，就是一种钝感力，可是有钝感力的人是懂得通过理性分析来输出情绪和行动的，而迟钝的人并不清楚自己所处的环境，并不清楚自己被人侵犯、被人利用究竟意味着什么。

迟钝的人对于外在的威胁缺乏积极应对的能力，一般来说，他人表现得过好或者表现得过坏，都可能会形成威胁。比如，当某个同事或者上司突然没事献殷勤，给予某个普通职员很多意想不到的好处，或者突然关心该职员的日常生活与工作，而此前双方之间并没有太多交集，没有太亲密的关系，那么突如其来的示好可能隐藏着一些危机：对方可能想要利用该职员，或对方可能打算暗中设置陷阱。这是来自"好的方面"的威胁，迟钝的人可能只看到了别人的好，却认识不到"好"的背后可能存在的危险。

反过来说，一些上司和同事可能会三天两头刁难某职员，经常毫无缘由地对他进行批评和辱骂，或者当面排斥和孤立他，这就是一种"坏"，这种"坏"已经超出了正常的上下级关系与正常的同事关系，因此很容易对人造成伤害和打击。不过迟钝的人却根本感觉不到这些情况，或者对这些情况不以为意，在他们看来，自己的生活没什么两样，自己所面对的环境也没有太大变化。

迟钝的人会被当成"好好先生"，会被认为拥有宽广的胸怀，但实际上由于他们缺乏理性分析的能力，常常会失去自我保护的能力。而真正有钝感力的人能够更加理性地分析外部环境，能够理性地考虑自己输出行动和感情可能带来的结果，这种人多数时候会保持良好的态度，会主动追求和谐，在一些小事上，他们不会斤斤计较，而且多数时候都保持克制，而不是那么敏感。但是这并不意味着他们好说话，并不意味着他们能够一味容忍和退让，在必要的时候，他们也会发火和动怒，在一些涉及个人核心利益和尊严的大事上，他们会毫不含糊地做出反击。

钝感的人也是有脾气的，但有脾气不意味着乱发脾气，他们知道自己在什么时候该发脾气，什么时候该保持冷静，也知道该在什么场合发脾气，为了什么发脾气、发脾气该发到何种程度，以及发完脾气后该如何处理。一个善于发脾气的人懂得收放自如，他们能够合理控制好自己的情绪，简单来说就是制怒。

善于制怒的人往往拥有比较强的钝感力，看似对外界压力不太敏感的他们，反而能够很好地控制局面，一言一行、一举一动都拿捏得恰到好处，而这也使他们能够更好地融入环境。

避免成为问题专家，该赞美的还是要赞美

　　人们在评价某件事或者他人的某一个行动时，容易受到感性思维的影响，经常会出现"视觉盲区"，所谓的"视觉盲区"是指人们只关注事物的某一方面而忽略其他方面的现象。有时候只看到了对方身上的好，而没有去发现那些不好的地方；有时候人们只看到那些不好的地方，却忽略了那些有价值的闪光点。

　　一些脾气不太好的人就容易出现"视觉盲区"，他们对于自己或者身边人所犯的一些错误，或者所表现出来的一些不足耿耿于怀，并且会毫不留情地深入追究和批评。对他们来说，这些错误和缺陷无异于眼中钉、肉中刺，会让他们浑身不舒服。因此他们的任务就是想办法找出那些不合理的、不合格的东西，然后尽快纠正过来。

　　也许他们对于别人的批评是对的，但是他们的偏执和狭隘，可

能会导致自己成为"发现错误的专家",而"孜孜不倦"地将全部精力投入到如何发现错误和纠正错误上。心理学家发现了一个现象,当人们在批评他人时,更容易形成惯性,或者说批评者在发脾气的时候更有可能造成情绪的延续和升级,这就是为什么当某个人骂人的时候,声音常常会越来越高,愤怒值往往也会越来越高。这就是人们更容易专注在那些负面的东西上的原因,那些不好的东西的确更容易抓住人们的眼球,并导致人们成为"问题专家"。

一旦他们给自己进行这种角色定位,就可能会由于过度挑刺而导致很多批评内容牵强附会,因为过分批评他人的人会忽略许多重要的细节和资讯,忽略他人提供的一些选择和感觉,而且一些问题不大,或者没有太多关联的事情也会被牵涉进来,这样会导致说服力下降。对于他们来说,也许最重要的问题不是别人在哪里做错了,而是自己太容易受到这些错误的驱使。

在生活中,常常会遇到这样一些人,当别人做错了某件事,或者表现出某些缺点的时候,他们就会毫不留情地给出批评,哪怕这个人在做这件事的过程中展示出了非凡的能力和优势,但是批评者仍旧会将目光停留在那些错事和缺点上。

有的人在他人完成某项工作后,往往喜欢对一些做得不好的地方进行批评,单纯地将这种行为理解为严谨和追求完美主义并不合理,因为这些批评者往往会抓住问题不放,然后借机扩大攻击范围,将一个小问题放大成对方的能力或性格问题,并且会对对方身上其他的一些错误和缺陷进行攻击，哪怕这些缺点与之前讨论的事情并没有任何关联。许多人都声称自己遭到了朋友、领导以及同事提出的类似的批评，而这往往会影响彼此之间的关系。

很多人习惯了充当问题专家的角色，总是喜欢在一些错误上纠缠不休，甚至继续挑刺，以扩大"战果"。但事实上只要找出了问题，双方针对这些问题进行沟通（无论是争吵还是批评，都需要将事情摆在台面上说清楚），并寻求解决问题的方法，事情就可以告一段落了，没有必要纠缠不休。

寻找问题，关注问题，解决问题是人们在发脾气时应该去做的事情，但是在试图批评犯错者的时候，人们应该避免被那些错误所驱使。有时候批评者应该想一想对方还做了什么有价值的事情，对方做出了什么样的贡献。

很多人并不擅长夸奖别人，并不擅长挖掘别人身上的优点，他们更多地会将注意力集中在他人的缺点和不足上，会关注他人所做的那些不合理的事情，这样很容易让他们在与人沟通的过程中产生摩擦，很容易让人觉得他们有一副坏脾气。如果他们愿意做出一点儿改变，既批评别人做的那些不合理的事情，也懂得赞美别人做得好的方面，那么无疑会让被批评者更容易接受，而且批评者也会在评估对方的行为时有效控制自己的情绪。

比如，甲乙两个朋友因为一件小事发生了争执，甲认为乙的做法很糟糕，并提出了严厉的批评，乙虽然也意识到了自己的错误，可是面对甲喋喋不休、咄咄逼人的指责，乙表现出了很强的抗拒心理，他气愤地转过身，并下定决心"只要对方再多说一句，自己就直接离开"。双方沉默了一会儿，甲突然说道："你这次其实也不完全做错了，有些地方就做得很好。"乙听完之后，火气顿时消除了一大半，双方的矛盾开始得到缓和。

在批评和指责他人的同时，表现出一些善意有时候显得很有必要，这些善意的表现有时候会起到很好的缓冲作用，能够将发脾气所引发的矛盾冲突降低。无论是对发脾气的人的情绪缓和，还是受众对象对批评者的形象认定都有很大的帮助。采取这种独特的方式实际上就是一种有效的平衡机制：批评者既通过发脾气表达了自己的不满，对他人做出了警示；同时又适时赞美了他人的优点，以此来博得对方的好感，从而缓和双方之间的关系。通过有效的赞美，批评者可以适当挽救自己在他人心目中的形象。

做好信息接收工作，先了解到底发生了什么

有个赌鬼四处借钱，当他找到朋友A开口借钱时，A有两个选择：第一，直接把钱交给对方；第二，断然拒绝，将对方训斥一顿。按照第一个选择去做，就等于当了"老好人"，这些借出去的钱可能再也收不回来了。按照第二个选择去做，可能会让人觉得自己不近人情。通常情况下，A应该选择第二种选择，可是当A听说这个赌鬼这一次借钱是为了给年迈的母亲治病的时候，他又选择了直接把钱给对方。

在这个例子中，信息起到了非常重要的作用，在信息受到限制或者不完整的情况下，人们对于事情的理解会比较片面，甚至可能依据经验主义或者自觉而产生误判，而当信息变得完整而充实的时候，人们对于事物将会有一个更加全面的认识，对于事情的前因后果也会一目了然，此时人的分析会更加清晰，思维也会相对理性一

些。由于接受信息的不同，人们释放的情绪也不一样，会在"好"与"坏"当中变动。

脾气的好坏多数是性格使然，但是信息是否完整同样会产生很大的影响，只有先对相关事件的内容以及前因后果进行了解，对沟通的对象进行了解，人们才能真正了解"这件事对自己意味着什么，以及造成了什么影响"。想要创造一种正常的沟通方式，在了解对方的行动后再表达也不迟，不要一发现双方存在分歧，或者对方没有按照自己的想法去做，就急于采取强硬的行动，有时候要先沉住气，倾听对方的真实想法。弄清楚事情的原委再决定自己该怎么做，效果无疑要更好一些。

对于那些好脾气的人同样如此，他们一方面受到自身性格的影响，另一方面可能对事情的分析不够透彻，只看到事情的表象，只能依靠点滴的信息来评估自己与外界的关系，以及外界对自己施加的影响。

无论好脾气还是坏脾气的人，他们都很容易先入为主，只顾着表达自己的想法。不过从沟通的角度来说，互相了解是一个重要的基础，因此人们不要总是想着表达自己的感受，重要的是了解对方的想法，然后双方对此进行深入的交流。

了解信息的一种方式就是观察，即仔细观察正在发生的事情，并清楚准确地说出观察结果。在这里，人们需要区分观察和评论。在多数时候，人们习惯于对自己看到的人、对这个人的行动和行为做出反应，并且给出评判和分析。例如某人在开会时迟到60分钟，人们通常不会直观地说他迟到了1个小时，而是会做出这样的评判：对方是个不守时且没有时间观念的人。这个人的迟到行为自然而然会被联系到人品问题上，这样就导致观察（迟到行为）和评判（不守时）联系到了一起。

观察必须和评判区别开来，或者也可以说，必须在充分观察之后，才能做出评判，就像文章开头所说的一样，信息的不充分有可能会产生评判的失误。所以人们必须在特定的时间和情境中进行观察，了解沟通的对象以及发生的事情，并清楚地描述观察结果，而不要草率地得出绝对化的结论。

观察的另外一个好处是能够有效避免惯性思维，比如多数人生气可能是因为自己的想法——他们认为人们应该或不应该做什么，同时还给他人贴上各种各样的标签，然后说长论短。发脾气的人可能会以自己的一套标准来衡量他人的行为，可能会以自己的思维习惯来看待他人的想法。同样地，当人们乐于充当好人，为他人作嫁衣裳的时候，也是出于自己的惯性思维——他们会觉得自己应该像过去一样保持热心，并认为最终会引起他人的好感。

人类大部分认知模式都是以适应生存为基础的，很多时候人们并不关心事情的真相，而关心这件事是否会对自己的生存造成影响。正因为如此，理性思维显得至关重要，它几乎是人们理解世界的一个基本工具，但理性思考需要以强大的信息资源作为基础，这些信息资源几乎是一个非常重要的平衡器。

好脾气容易导致人们逐渐沦为弱势群体，并且降低自我保护的意愿，但坏脾气攻击性太强，容易引发更大的冲突，而且也容易造成误判，会对人际关系造成伤害。所以在避免成为老好人的同时，也应该尽量避免成为一个有事没事就动怒的"坏蛋"。为了避免走向两个极端，人们需要在两者之间找到一个平衡，或者在具体的行动中进行微调整，以确保自己能够更好地迎合环境的需求。

一般情况下，微调整是建立在对信息了解的基础上的，对于人们来说，无论是表现出迎合与妥协的一面，还是表现出强硬的、攻击性的一面，首先都应该以掌握充分的信息资源为基础。如果对这个话题进行延伸，就会牵涉博弈的问题，在博弈论中，一个最基本的原则就是尽可能掌握充分的信息，拥有比对方多的信息是确保在博弈中占据优势的关键。就像一个参加谈判的人如果了解客户公司陷入了困境，或者了解对方的底线，那么就不需要在谈判中采取守势，不需要迎合对方。

反过来说，当谈判者对于客户公司的相关信息不够了解，可能会和过去一样产生这样的想法："客户是上帝，我不能轻易得罪他们，客户如果非要坚持，那么我就只能去迎合。"在信息缺失的情况下，一贯的"迎合客户，以客户利益为重，不要得罪客户"的想法可能会主导谈判者的行为。

因此，当人们纠结于自己应该保持好脾气还是坏脾气的时候，不要盲目地被自己的常规思维和常规态度所影响，而应该想办法搜集更充分的信息，然后在掌握充分信息资源的基础上做出最恰当的表现。

后 记

"改变好脾气"并不意味着专注于厚黑

很多时候，人们会将"不要太好说话"和"厚黑学"联系在一起，认为避免成为一个太好说话的人，就意味着要保留一点"厚黑"意识，可是两者其实是完全不同的概念，人们不能因为害怕"脾气太好会吃亏"而走上另外一条极端的道路。"不要太好说话"有几重含义：不要事事迎合别人，要懂得拒绝他人；要有自我保护意识，不要逆来顺受，该反击的时候要勇敢做出反击；有时候应该精明一些，不要轻易将自己的全部都表现出来；保持强硬态度，保持一定的攻击性和威慑力。

这些含义包含了"保守"和"激进"的想法，所有的含义都有明显的层次划分，有的更加偏向于保守，有的更加倾向于激进，但总体上说都是对个人的一种保护。而"厚黑学"不同，它注重的是一种伪装，注重的是一种谋略，而且带有比较明显的负面价值倾向。

在过去差不多一百年的时间里，"厚黑"文化并没有真正成为主流文化的一部分，无论是在儒家、道家、佛家等思想中，还是其他文化体系中，所倡导的价值体系都和"厚黑学"不同，尽管"厚黑学"在现实生活中有一定的实用价值，但是其过于偏激的想法和立场，其内部带有误导性的思维，很有可能会造成价值观的扭曲。

"别让好脾气害了你"并不是要求人们站在"好脾气"的对立面，并不是要求人们表现出更加虚伪、更加残忍、更加疯狂的一面，其基本立场是建议人们摆脱"老好人"带来的困扰，人们应该变得更加聪明率性一些，而不是过分迂腐、怯懦和压抑，这与"厚黑学"所倡导的价值观并不一样。

毫无疑问，"厚黑学"的理论无疑是违背社会主流价值和主流思维的，尽管李宗吾本人比较厚道，而且他也说过："用厚黑以图谋一己之私利，是极卑劣之行为；用厚黑以图谋众人公利，是至高无上之道德。""厚黑一道，看来大奸大恶，其实不然，用于正处，则谋公利，破敌国，天下欣然；用于邪处，则牟私利，灭仇家，小人而已。"可是，"厚黑学"更加世故，将社会想得更加现实，更加注重利己主义，更加注重阴谋诡计的特点决定了它无法被多数人接受。"厚黑学"容易引发人们的误解，会将人性自私黑暗的一面彻底释放出来，还有可能会触犯道德和法律，这一点对于多数人而言都不太适合。

一旦人们过分看重摆脱"老好人"形象的手段，并且过分释放内心自私、阴暗的一面，那么就有可能走上"厚黑"的道路，而这比单纯的暴脾气、坏脾气更加危险。所以本书一直都在强调避免人们在改变"老好人"行事风格的时候，走向另一个错误的极端。

如果对书中的内容进行梳理，就会发现本书只是立足于现实，只是希望读者能够根据现实情况来选择一种更加合理的生存方式，人们每天成百上千次地审视周围的世界，面对这个纷繁复杂的社会，需要懂得如何去保护好自己。书中揭露了非常现实的一面，揭露了一些为人处世的真相，但是并没有刻意去渲染生活的黑暗，因此本书与"厚黑原理"基本上没有关联。

图书在版编目（CIP）数据

别让好脾气害了你 / 周维丽著 . —贵阳 : 贵州人
民出版社 , 2018.4

ISBN 978-7-221-09893-1

Ⅰ . ①别… Ⅱ . ①周… Ⅲ . ①成功心理—通俗读物
Ⅳ . ① B848.4-49

中国版本图书馆 CIP 数据核字（2018）第 056818 号

别让好脾气害了你

周维丽　著

出 版 人	苏　桦	
总 策 划	陈继光	
责任编辑	唐　博	
装帧设计	末末美书	
出版发行	贵州人民出版社（贵阳市观山湖区会展东路 SOHO 办公区 A 座，邮编：550081）	
印　　刷	环球东方（北京）印务有限公司（北京市丰台区莱户营西街 235 号，邮编：100054）	
开　　本	670 毫米 × 970 毫米　1 / 16	
字　　数	190 千字	
印　　张	16	
版　　次	2018 年 4 月第 1 版	
印　　次	2018 年 12 月第 2 次印刷	
书　　号	ISBN 978-7-221-09893-1	
定　　价	39.80 元